你所有的努力，都不会白费

吴家德 / 著

北京时代华文书局

图书在版编目（CIP）数据

你所有的努力，都不会白费 / 吴家德著 . -- 北京：北京时代华文书局，2019.1
ISBN 978-7-5699-2771-9

Ⅰ．①你… Ⅱ．①吴… Ⅲ．①成功心理－通俗读物 Ⅳ．① B848.4-49

中国版本图书馆CIP数据核字（2018）第263344号

中文简体版 ©2019 年，由北京时代华文书局有限公司出版。
本书中文简体版通过成都天鸢文化传播有限公司代理，经城邦文化事业股份有限公司—麦田出版事业部授权大陆独家出版发行，非经书面同意，不得以任何形式、任意复制、转载。本著作仅限于中国大陆地区发行销售。
北京市版权著作权合同登记号 字：01-2017-3882

你所有的努力，都不会白费

Ni SuoYou de NuLi Dou BuHui BaiFei

著　　者｜吴家德

出 版 人｜王训海
策划编辑｜胡俊生
责任编辑｜周　磊
装帧设计｜孙丽莉　王艾迪
责任印制｜刘　银

出版发行｜北京时代华文书局 http://www.bjsdsj.com.cn
　　　　　北京市东城区安定门外大街136号皇城国际大厦A座8楼
　　　　　邮编：100011　电话：010-64267955　64267677

印　　刷｜三河市祥达印刷包装有限公司　0316-3656589
　　　　　（如发现印装质量问题，请与印刷厂联系调换）

开　　本｜880mm×1230mm　1/32　印　张｜9　字　数｜153千字
版　　次｜2019年2月第1版　印　次｜2019年2月第1次印刷
书　　号｜ISBN 978-7-5699-2771-9
定　　价｜45.00元

版权所有，侵权必究

献给我的双胞胎哥哥——家兴

带着您的祝福,我继续向前行

推荐序1
转念，寻找那把独特的破关钥匙

我们常说"态度"决定一切，但态度从何而来？我们应该要建立什么样的态度，才能在人生起伏的过程中，有真正的智慧和态度去面对？

其实，态度来自于你所接收到的观念，而这些观念通常也来自知识的传递，就像吴家德的这本书，正是在传递一个职场人，不管你是菜鸟或是老鸟，所应该具备的态度。

每一个人在职场生涯中一定会面临各种难题和困

境。即使如我在26岁时就创立了自己的唱片公司，签下许多大牌歌手，成为业内人人羡慕的人生赢家。但也难免在十年之后面临产业革命把自己的事业革掉的窘境，让自己像坐过山车一样坠入谷底。在历经两三年谷底徘徊的痛苦和绝望后，我才学会"转念"，从零开始重新攀上巅峰。

而这个"转念"，正是这本书的核心精神，也是吴家德在这亲身经历的四十五个小故事里，给读者的提醒和告诉读者如何认识自己，从关卡中找到那把独特的"钥匙"，获得人生的正面力量。

这本书没有泛滥的口号，而是通过这些别人的小故事去对照自己的生命，让读者在破解关卡的思考过程中，找到翻身的方法。

家德把自己的观察和生命的经验，化成一段段文字，来和读者分享职场经验。这四十五个小故事不仅容易阅读，而且一定与大家都会遇到的问题类似。

这本书提供的不只是答案,还是一种路径。一条让你知道破关的路径,但是你得像这书中的许多人一样,要带着勇气去改变,然后你就能看见自己从面对职场态度的转变到重新奋起的人生。

田定丰(种子音乐、丰文创创办人,作家)

推荐序2
满满正能量的时光容器

时间是个容器,而家德的"时光容器"十分充实、丰富。

一段从台南到台北的寻常高铁行程,别人购票上车、到站下车,顶多在车程中补个觉、翻本商业杂志,家德却不满足于此。当列车抵达台北车站时,盘点他的时光容器,硬是比早上出发时多纳入了一位成功商业人士的私人分享、一段成为往后演讲或出书的素材,以及一位使人脉网络节点更四通八达的贵人。

而这一切收获，并非他出发前即安排或设想好的，车上侃侃而谈的成功人士，原本只是另一位也要北上的路人甲乘客。而行程不过才刚开始，相信待回到台南后，再盘点此行的成果，他的收获肯定装满行囊。

苹果电脑的创始人乔布斯生前出席斯坦福大学的毕业典礼，致词勉励即将步入社会的精英学子，希望他们永远"求知若饥，虚心若愚"（Stay hungry,Stay foolish）。而观察家德，我发现他识人若渴，不仅博览谈话、社交等相关书籍，对周围的人事更是充满好奇。

他把握在不同场合有缘相遇的每一个人，把每一个人的人生故事都当成一本书来阅读，不论是初探方向的莘莘学子、基层打拼的上班族、银行共事的伙伴，还是事业有成的大老板、知名主持人，甚至小店员、理发师、出租车司机、牙医，他都主动开启话匣子，进则积极趋前攀谈，倘若对方一时不便，他不以为意却也不轻言放弃，当下相约择日喝咖啡再叙，并善用脸书或LINE（一款社交软件）联结，持续积累人脉"储蓄"。

用热情驱动世界，日起有功，一路用心经营走来，在人人平等的一日二十四小时、一年三百六十五日的时间容器里，家德在职业上成为一位带领团队屡创佳绩的银行经理，在生活中不时与友人连手行善助人做公益，同时坚持慢跑的习惯；更在公共领域方面，自我训练成为受欢迎的演讲者，开讲记录突破百场，俨然成为专业级的讲师；而今又跻身励志图书作者之列，充分体现了远东银行财富管理与客户所共同追求的"乐知、乐享、乐富"的富足乐活理念。

始终洋溢着正能量，使初识的人难以想象家德曾与大多数人一样，是个内向、害羞的人。也因此，他的历程更值得年轻读者或上班族朋友参考、学习。身为金融职场的前辈，有幸共事，我乐见他对内、对外从不吝于分享，也从这本书的小故事中得到不少共鸣。而我相信，年轻的朋友来日方长，一定可以从书中汲取更多的心得和方法，运用在处事与工作中，进而让自己每一天、每一年的时光容器里，装载更丰富的人生宝物，不论是知识、技能、证书、体验或是人脉，进而得以赢得更多的机会，创造更多的可能性，逐步更上一层楼。当热情驱动梦想，点亮人生光景，属于读者的康庄大道就在前方！

周添财（远东国际商业银行总经理）

推荐序3
人脉谷歌搜索引擎

年轻人在职场闯关,致胜的关键到底是什么?

学历?专业?证书?家世?外貌?热情?态度?人脉?

我认为以上都可能是答案,吴家德除了家世普通以外,其他每一样都做得很棒,尤其是人脉,我都说他是"人脉谷歌搜索引擎"。

邀约四次才接的演讲

不是我有多大牌,而是宗教团体、各级学校、社团组织的演讲风格与尺度,我真的很难掌控。平日已经非常忙碌的我,要是再被别人知道我接了非企业的演讲,我肯定会忙翻天。

但我时常接到家德的电话,一会儿邀约我去哪个社团演讲,过一会儿是哪个大学,再一会儿又是哪家银行偏远的活动,最后又拜托我去南部某个宗教团体演讲,有时候我真觉得他还蛮闲的!

但大家可否想过,为何会有这么多的单位拜托他找优质讲师南下演讲?

我想这就是答案了。

他的人脉超广,而且全是优质人脉,我不是说我自己,大家可以看看他书中所提及的名人与封面推荐人,家德全都以"利他"当出发点。

这就是家德无远弗届的地方。

于是，这些年非企业演讲我哪里都不去，就去佛光山南台别院与台南大学，都是因为他的热情邀约我才去的，而且都是锲而不舍地第四次约我才答应。

他为何可以拥有这般超能力呢？

书中的精华

我相信他的业务精神，紧咬不放的业务精神，绝对跟普通业务不一样，他拥有的是人文素养十足的业务精神，有耐心、同理心、亲和力，最后才是缠斗力。

我想提提他的工作。

他是一位银行的分行经理，KPI数字的压力极大，加上面对Bank 3.0的浪潮下，仍有业务与工作单位的团队需要带领，面对高层的压力与团队的日常管理，光想就知道是一份很忙的工作，但是我看到的他，可以用四个字来形容——游刃有余。

不仅游刃有余，而且业绩拔尖。

他可以到处演讲、结交朋友、参加活动，还可以写书，您就知道若非超人等级与内含强大"CPU"，很难进到这个等级，一般人早就投降放弃了。

他把自己二十年来职场的心得与精华，萃取出几个重点：价值愿景、人际关系、人生态度、工作外的锻炼，用许多的小故事串起这本书，非常容易阅读，而且满是韵味回甘，滋养不已。

这本书，没有太多心灵鸡汤式的励志言语，全是点滴小故事，我非常喜欢这样的写作方法。

年轻人要会订盒饭

其中一个篇章家德提及与文史工作者谢哲青先生闲聊的小故事，深得我心。哲青与家德分享现今年轻人进入职场工作，可以先从学订盒饭开始，认识每个人的饮食习惯，掌握大型项目的进度与方法，了解人际关系中许多微妙之处的应对，非常适合年轻人阅读。

看完整本书，我想将本书推荐给以下三类读者：

1.职场新人，刚进入职场养成的好习惯，一生受用。

2.等待伯乐靠近，却苦无机会翻身的朋友们。

3.有意往职业生涯下个阶段迈进，却仅止于努力工作，不知道方法的朋友。

期许您跟我一样，也能在这本书中找到职场破关不卡关的诸多指南。

谢文宪（职场专栏作家、广播主持人）

自序
功不唐捐的人生

"功不唐捐"的意思是:"所有你努力的功夫,都不会白白浪费。"

我有一位认识多年的女性朋友,从海外念完商学院课程回来,在某大学担任助理工作。因缘际会,认识一位在学校攻读博士的研究生。后来,他们热恋了。

这位女孩因为有到海外留学的经历,英文特好。而这位男生因为需要研读英文原文的期刊论文与专业的理工科资料,英文不好的他,有了这位女朋友从中的翻译与陪读，博士生涯得以顺利毕业。

这位男生后来到了新竹科技园的科技大厂上班，算是谋得一个好职务。而女孩也因为男友找到这份工作的原因，离开了助理的职务，转当一位新婚人妻。

几个月后，这位女孩虽然乐于当一位家庭主妇，但心中也渴望能有一份工作，让她的职业生涯得以延续。

她应征一份外商公司销售工程师的职位。面试当天，主考官问了许多专业的理工问题，想不到这位念商学院的女孩几乎都能对答如流，让面试官有些讶异。追问之下，才知道当年这位女孩帮她以前的男友（现在的老公）陪读时，竟也花了许多工夫研究与她人生应该一点关系都没有的理工领域。

就是这个看似浪费时间，只为帮助伊人毕业的过程，竟是让女孩多年后顺利取得录取率极低、薪水又颇高的职务的关键。

当女孩回到台南与我见面叙旧，告诉我这个故事时，我首先想到的是"功不唐捐"这句话。而女孩也很认同我的想法，直呼这就是"功不唐捐"的最佳诠释。

我在这本书想要传达的重要精神，就是"功不唐捐"的人生。

你成功了，享受成功的果实；你失败了，接受失败的事实。这两者都是好事。因为这都是生命中的必要经历，没有人会一直成功，也没有人总是以失败告终。认真地活在每个当下，好好地思索每个细节，快乐地回忆每个故事，都将为自己人生带来不凡的况味。

"老天爷总是喜欢把礼物藏在问题里。"当你能够经由抽丝剥茧将问题解决，拿到礼物时，这种感觉是最幸福的。而这本书的文字与故事，就是教你拿到人生礼物的破关指南。

本书分成四章。第一章，教你如何勾勒属于自己的职场愿景地图，按图索骥，找到自己的天赋；第二章，用"罩得住"的人脉与人际，打通自己的任督二脉，让职场成为乐园，玩得开心；第三章，按下最核心的通关密码，就是"态度"，用热情当燃料，驱动全世界；第四章，在工作之余，打造好感的优质生活，让生活多彩多姿。

解决问题没有快捷方式，只有途径；只有方法，没有魔法。这本书是我集二十年职场历练之心得，我相信书中的故事与经验，可以为你带来启发，让自己轻而易举找到职场桃花源，也能从关卡中翻身，让美梦成真。

谢谢一群好友的齐力赞赏，愿意为我写推荐序及挂名推荐。也谢谢麦田出版社的秀梅与桓玮，是他们的协助与指导，让此书臻于完美。当然，我最要感谢的是广大的读者。大家的支持与鼓励，是我最大的前进动力。

关于你们，我永远感恩。

目 录
CONTENTS

第一章　勾勒自己的愿景地图

1. 你足够认识自己吗？／003
2. 你敢打掉重练吗？／008
3. 一道道应征关卡，如何胜出？／013
4. 学历不是职场必杀技／020
5. 经营"咖啡馆"的想望背后……／025
6. 创业不是闹着玩的？！／030
7. 原来我也可以当记者／035
8. 寻找职场桃花源／039
9. 梦想，来自积极的实践／046

10. 转身离职，成为更好的自己 / 050

11. 从卡关中翻身 / 055

第二章　"罩得住"的人脉与人际

12. 人脉是这样拓展的 / 065

13. 高铁商务舱的秘密 / 070

14. 马斯洛的职场五大需求 / 076

15. 插旗全台的人脉地图 / 082

16. 以热情牵动暖心缘分 / 086

17. 回甘的人生 / 092

18. 士杰的三位职场贵人 / 097

19. 教练也需要教练 / 103

20. 一位年轻人的理财观 / 108

21. 想认识谁，就去认识谁 / 118

22. 我从脸书学到的人脉哲学 / 124

23. 三句箴言 / 130

24. 沟通是一门教养的功课 / 136

第三章　态度，最核心的通关密码

25. 你怕被轰下台吗？／143
26. 你能拥有服务热忱吗？／149
27. 做真正热爱、有兴趣的事／155
28. 梅格带给我的人生启示／161
29. 想做大事，先从"订盒饭"开始／166
30. 公务员是这样当的／170
31. 愿有多大，力就有多大／176
32. 走在老板后面，想在老板前面／181
33. 工作是自找的／186
34. 铃木一朗教会我的职场智慧／190
35. 别再说时间不够用！／195

第四章　工作之外，打造好感生活

36. 关于跑步，我想说的是……／203
37. 这世界就欠你一"咖"／209
38. 归零，让人生更美好／215
39. 你愿意做公益吗？／222

40. 给职场新人的七件礼物 / 227

41. 我的第一场演讲 / 232

42. 给政达的一封告别信 / 237

43. 生活是一场热情的游戏 / 243

44. 你该拥有的七种习惯 / 249

45. 旅行的意义 / 255

第一章

勾勒自己的愿景地图

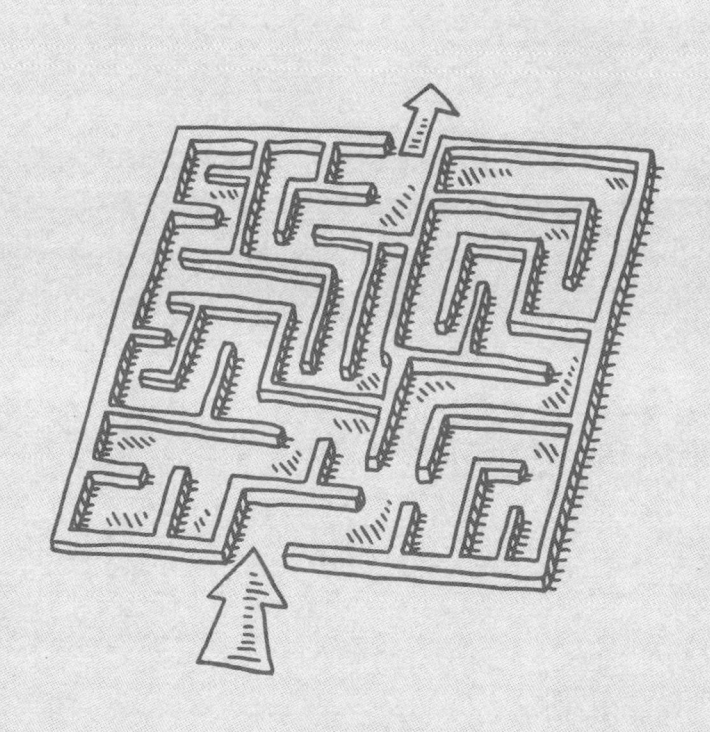

1. 你足够认识自己吗?

初见小马,感觉他腼腆的笑容下有着坚定的意志。

接近午后两点,我走进位于芒果故乡玉井的一间庭园餐厅用餐。刚结束玉井中学初中三年级的理财演讲,便马上驱车而至。再度到这家餐馆的原因很简单,两年前来这里吃过石锅拌饭,味道很棒,一直念念不忘。当然,今天点的就是石锅拌饭!

停好车,看见一位二十五六岁的年轻人,正从车上搬下来好几大箱南瓜,准备用拖板车搬进厨房备料。他抬头看见我,送来一个欢迎光临的微笑,他就是小马。

因为已过了用餐的高峰时间，当天又是工作日，一眼望去偌大的用餐空间只有两三桌客人正在聊天喝茶，已是处在正要吃完饭准备付钱离去的状态。我寻思，大概再过十分钟，整个餐厅就是我一人包场了吧。

选择靠窗位置坐下，方位坐西望东，可以眺望中央山脉。我远观两山之间的群聚部落，转头问餐厅的小马："那是哪里？"小马不假思索地回答我："楠西区。"我好奇地问他："你是当地人吗，不然怎么那么清楚？"

小马露出憨厚的微笑："我不是当地人啦，但我从高雄搬来玉井已经三年多了，对这边的环境当然熟悉。"此时，我爱搭讪聊天的瘾再度发作。接着问小马，为何想要搬到玉井，又是什么原因在这里工作。

小马先看着四周，确认其他客人都已离席后，才安心地对我说："我是因为家人才搬来玉井的。因为父亲在官田工业区当保安，不忍心让他每天舟车劳顿一个多小时。几年前，我就立志要买一间房子给父母亲住，因为我们已经租房子多年，这种居无定所的日子过怕了，若能拥有自己房子是一件多么幸福的事。我觉得玉井的房价便宜，离84号快速路又近，父亲开车只要二十分钟就可以到达上班的地方。我就想在这里找到一份工作。因为这家餐厅既能学习甜点制作技术，还能练习与客户谈话，才决定来这里上班。"

经过一番交谈，我逐渐了解小马的过去。

小马高中毕业后随即入伍，五年后正式退伍。因为他节俭，无不良嗜好，再加上专研理财产品，年纪轻轻已存下一笔资金。为了尽孝道，他拿出所存资金的大部分，买了人生第一间房子。起先，父母亲以为这间透天厝①也是租来的，后来才知道是儿子努力存钱挣来的，不禁老泪纵横，感谢老天赐给他们这么一位孝顺的孩子。

因为自知无一技之长，小马几年前就梦想开一家甜点店。他知道在这乡间小店工作薪水不高，但因为有机会学

---

① 台湾的一种由一户人家居住，占地面积很小的独立式住宅。

习制作甜点的技术，再辛苦他都愿意。当然，最重要的因素还是他喜欢玉井这个远离尘嚣的环境，除了让还有三年就可以退休的父亲工作方便外，全家也因为生活在这物价较低的区域，反而可以多存一些钱。

我从小马的身上，看见年轻人较不具备的两项特质：一是孝顺；二是认识自己。

关于孝顺，我觉得能够帮父母买房，享受全家团聚的天伦之乐实属不易，又因为要兼顾父亲上班的时程，自己委身在乡下地方找工作，若这不是孝顺，又该如何定义这种行为呢？

年轻人能够提早认识自己是一件不容易的事。认识自己需要勇气，也需要行动的力量。小马自知无富爸爸，也无良好的学习经历，一切只能靠自己。他自学财富管理，让理财成就更美好的生活；他找到自身兴趣，用制作甜点的商机，寻找创业的可能；他从第一线的服务人员开始做起，训练自己的口才并打开与人为善的契机。他懂得未来自己要走的方向，也清楚掌握什么是他不要的。这不就是认识自己的最佳诠释吗?我从小马身上看见一位年轻人开启天赋、运用天赋的典范。

小马用坚定的口吻告诉我,等父亲退休,他也即将步入三十而立的年纪,希望那时可以开业成功。我拿起桌上的白开水,举杯祝他美梦成真,也希望他的人生充实丰盈。一起祝福他吧!

2. 你敢打掉重练吗?

第一次见到她,是在总行举办的培训上,我和她都是担任指导员的角色。那次培训是针对业绩没有达成目标的同仁所设计。她优雅的谈吐与姿态,与我认知中金融从业者内敛的特质大相径庭。那时,我就有一种敏感度分析,她踏出职场的第一份工作应该不是从金融业开始的。

因为时间急迫,我们并没有真正聊天,只知道她刚到公司上班不久,也算是一位新人主管。之后,在几次总行的经理人会议上,我们偶尔见到面会打声招呼。就是那种不算熟,但彼此认识的同事关系。

说来好笑，我们真正熟悉起来并不是因为谁介绍，而是脸书的牵线。我住台南，在嘉义上班；她住桃园，在台北上班，理应没有太多交集才是。但因为脸书有许多共同朋友，我们自然而然也就成为脸友。

可能每天我都会在脸书分享心情的缘故，她对我的工作与生活感兴趣。她纳闷儿地问我，金融业工作压力那么大，每天几乎被业绩追得喘不过气来，为何我还能气定神闲地过小日子，这点让人非常佩服。

她主动告诉我，自己减压的方法是手做一些杂物。举凡将废弃的袋子、面纸盒、空玻璃瓶经由巧思与包装，改造成有用的收纳盒或装饰品，都是她缓解压力的方式。

有一回，在公司举办的团队活动中，因为同车的关系，我们终于有机会好好聊天，我便问她关于职场的经验与心得。果不其然，她并不是一开始就在金融业，当她说出自己走上社会的第一份工作是空姐时，我虽然惊讶一下，但也对自己的猜测感到准确。

"是什么原因，让你成为空姐，又离开空姐这个工作的呢？"我接着问。

她表示当时报考空姐也是一场美丽的意外。只因为好朋友想考，她也就跟着准备，由于亲戚也是空姐，让她的家人也赞成她报考。加上她是一位要做就做到最好的女子，便开始搜集航空公司考试信息，学习化妆、美姿、美仪的知识，经过重重的笔试与面试，通过严格体检，终于考上当时录取率不到百分之二的空姐。

正式踏入社会，成为职场新人就有一份高薪、人人羡慕的职务，理应是人生赢家。但她说，自己并不是真的能习惯这样的工作。除了因时差让生理时钟会被打乱外，常常在一觉醒来，有一种不知天涯何处是我家的空虚感。这样的生活过了五年，她还是选择离开。那年，她将近三十岁，人生走在一个十字路口上。

她舍掉过去尊荣的光环，从一位贸易公司的小助理再出发，纵使薪水被腰斩也甘之如饴。这份国贸助理的工作历练让她知道，人生只要找到自己喜欢的工作，重新来过都不会嫌晚。

因为职场表现出色，她被推荐到一家大型公司担任小主管的职务，这一待就是六年。在大型企业上班，她开始学习管理知识，也渐渐崭露专业经理人的管理风格。

后来，一位志同道合的朋友找她合开美语补习班，经过深思熟虑后她答应了，因为她认为这是向上提升的机会。而她的身份也转变成一位创业家，开始对自己公司的盈余负责。当她聊到这段往事时，显露出些许忧郁的表情。因为她的公司敌不过大型连锁补习班的成本优势，终究在几年后，将公司忍痛转让出去。那时的她，人生只能再重新开始。

创业失败，让她近半年没有工作。但她的字典从没有"后悔"两个字。她知道，人生最重要的资产是"决心"。之后，通过以前同事介绍，她走进金融业，开启了银行职业生涯。

这次转职，她终于找到自己的天赋，发挥之前服务过形形色色客户的优势。她不仅业绩好,而且人缘佳,很快就受到主管的提拔与重用,并且在工作到第五年时升迁到管理岗位,开始承担更重要的责任。

关于她打掉重练的生命历程,我有三点发现:

1.不断地尝试,直到找到自己的天赋才肯罢手。

2.拥有决心与行动力,是打掉重练的不二法门。

3.要相信功不唐捐,生命的任何事情都有意义。

最后,我想讲,年纪越大,打掉重练的成本越高,要谨慎啊!

3. 一道道应征关卡，如何胜出？

接到一位长辈来电，这位长辈告诉我，她的小孩今年刚大学毕业，投了数十份简历，一直找不到工作。虽然某些公司请过这位社会新人面试，但都没有下文，打电话去问结果，只被对方公司窗口以冷冷的口气告知："已经找到人选了。"

因为久战无功，也屡屡受到打击，这位年轻人开始显得自暴自弃。电话中心急如焚的母亲，告诉我这个情况，希望听听我的想法，看看是否能找到办法，帮助他儿子度过低潮。

关于这位毕业即失业的年轻人，我从不认识，也不知道他的个性与想法。我能给这位母亲的建议非常有限。我说，或许有两件事可以实时帮忙，一是让我看看他的简历，希望在简历撰写上给予协助；二是在还不能马上面授机宜的状况下，让我与他通过电话，用在线面试来确认他的应对进退能力。

我曾经连续两年参加台湾中正大学举办的校园征才系列活动，给一群即将踏入职场的毕业生教授"简历撰写"与"面试技巧"课程。这也是我为何要让这位年轻人这么做的原因。

简历撰写主要是将自己过去真实的丰功伟业，用具有条理及说服力的面貌呈现给面试官，这是一种静态模式，用字遣词与内容架构是亮点。要有漂亮可看而不是乏善可陈的简历，生活岁月的精彩度与丰富性不可少。

在校学生的简历，除了毕业学校与学业成绩是两大重点外，有无社团与打工经验也是参考指标。而身处职场的上班族，工作年资的稳定度与专业能力考评，才是能否被录取的关键。

面试技巧则是一种动态过程，目的是在短时间能够介绍自己，吸引面试官的注意，进而产生好奇愿意多聊多问，提高自己的录取率，才能获得理想的待遇。

面试牵扯的范围较广，包括是否准时赴约、穿着打扮是否得体、讲话谈吐是否具有内涵等，都是评核的依据。这时，能够表现得大方与热情的应征者就较为有利。因为第一印象的好坏，往往在五分钟之内就被决定了。

也因此，真正的面试技巧，并不是教面试者如何投机取巧说一些不切实际的话去骗面试官，而是传授因应不同应聘岗位所该展现出来的面貌，给予合宜的建议与点评。

更深入地说，面试技巧修习的是一种打造个人品牌的学问，我认为有三点应该要注意：第一，表现出彬彬有礼、笑容可掬的态度，充分展现自信风采；第二，在沟通谈话中，愿意多倾听、不抢话，也懂得问对好问题；第三，聚焦专业素养，了解面试公司背景，让对方感受到你有备而来的企图心。

不到一小时的时间，我就从电子邮箱收到这位年轻人的简历。这位年轻人毕业于私立大学商学院，应聘岗位是国贸业务。将这份简历仔细浏览过后，我发现四个可以改善的地方：

其一，照片竟然是用一般生活照，看起来非常不得体。以他所应聘的岗位而言，应该使用上半身正面带有微笑的大头照，且最好是穿着衬衫、系上领带。

其二，是否具备国贸业务的专业能力不够鲜明。仅告知对国贸业务有兴趣，却没有提出语文能力与学科成绩当佐证。

其三，应聘动机不够强烈，文内完全不见想要热情投入与贡献所学的字眼。

其四，大学四年，几乎没有社团与打工经验，这也会让面试官对这位年轻人有是否与社会脱节的疑点，担心可能需要花更多时间培训。

在帮忙修改这份简历后，我打了电话给年轻人，先是与他闲聊几分钟，之后就进入模拟面试阶段。历经真枪实弹的角色扮演，让我更加知晓这位年轻人的一些面试问题。

首先，他的自我介绍不够流畅利落，也没有将自己的性格特质说清楚、讲明白。关于这点，我的建议是，要能在一分钟的时间内将自己做一个完整的呈现才行。

其次，没有办法阐述他要应聘某个行业的全貌，仅告知我，他喜欢做国贸的工作是不足的。我给他的建议是，好好找出自己喜欢的行业，从头到尾研究它，虽然还不能成为行业专家，至少也要熟悉行业状况。

最后，也是呼应他简历上的内容，这位年轻人完全没有做好职业生涯规划。当我问他，若是有机会被录取，在未来三年对自己有何期许？他竟然语塞，结巴回答不知道。我告诉他，这或许也是许多企业不敢用他的原因。人因梦想而伟大，也因志向而渺小。若能尽早立定志向，纵使一路上跌跌撞撞，也都可以尽早找到自己的天赋，在职业生涯路上发光发热。

挂电话之前，我请他上YouTube去搜寻2016年台湾大学毕业典礼上，叶丙成老师在典礼会场所发表的演说。我说，这段影片的结尾是我想要给他的勉励。我希望这位年轻人也能以做到叶丙成教授的鼓励为职志。年轻人非常开心地答应了。

几个小时后，年轻人洋洋洒洒写了一封感谢信给我，谢谢我提点他以前完全不知道的求职重点。文末，他贴上了丙成兄演讲的建议：

1.请不要成为只懂专业，其他都不懂的贫乏之人。

2.请不要为解决一时的困难而做出违背自己良心的事情。

3.请正视自己缺乏失败的勇气与再站起来的韧性。

虽然这位年轻人尚未找到工作,但我相信,他离找到工作的机会已经不远了。

4. 学历不是职场必杀技

麦可，我的发型设计师，打从高中时代，他就是我的御用理发师。短则一个月，长则两个月，我定期向他报到。麦可的理发工作室生意超好，没有事先预约几乎排不到，不管男女老少、不论旧雨新知，都很满意他的手艺。

这一剪，一晃眼，竟也走过将近三十个年头，从少年到中年、从学生到上班族，我的三千烦恼丝几乎都命丧在麦可的刀下。

别以为麦可年纪很大，他可是大我没几岁呢！他出道得早，从初中毕业就没有继续升学，一身新潮装扮：留长发、戴墨镜，简直就是火爆浪子的形象。他长得极像歌手齐秦。学生时期，我与邻居朋友们，私底下都称呼他为"齐秦"。若有同学朋友很崇拜齐秦这位偶像，我都会请他们来麦可的店内理发，一睹偶像风采。

麦可也是一位懂得生活的品位男，一年当中他几乎一定会出国旅游两趟，短则一周，长则数十天，带着太太游山玩水看尽世界奇景，至今已经游遍四五十个国家。在理发台上除了固定有的周刊外，一定也会有他的旅游照片供客人翻阅欣赏。

某个周五下班后，我打电话预约周六的理发时间，他说今晚当有空当，问我要不要半小时后就过来。我说："好啊，正求之不得呢！"

我准时出现在工作室，在这例行的剪发中，因为我是今晚最后一位客人，两人便畅所欲言，无所不聊。我问他，如果时光倒流，会不会选择好好读书，提高学历？麦可不假思索告诉我："不会，也不需要。"他说，理发是他的最爱，已经做了三十多年都不觉得累，因为这是他的兴趣。兴趣能当饭吃，真的很幸福。

突然间，他心血来潮告诉我，关于他年轻时踏上发型设计之路的故事……

在麦可的学生时代，"万般皆下品，唯有读书高"这句话还是深烙在每个人心中的。因为他自认不是读书的料，只想要学得一技之长、好好过生活。刚走上社会时，他对修理手表深感兴趣，通过朋友介绍，他去到台南一家老字号的钟表公司上班，开始从学徒做起，持续了将近五年，才成为店内师傅。

但兴趣总是多样且迷人的。由于麦可一直以来都对发型设计充满想法，某天他看见朋友烫了一个非常新奇的发型，经询问后得知是在台北发廊设计，麦可竟二话不说冲到台北，也想如法炮制同样的发型。无奈，每人的头型都不一样，麦可千里迢迢的求发之路算是失败。他心想，为何不自己来学理发功夫，不仅可以帮别人剪发，也可以替自己设计，算是一举两得的工作。

很果决的，他从钟表师傅身份转身成为菜鸟理发学徒。这个改变，至今已将近四十年。他从学徒晋升为设计师、资深设计师，最后开了工作室，成为老板。头衔一直变，但所做的事情数十年如一日，一如初心。

我问麦可，为何他的客源能够如此稳定？他思忖半响，告诉我三个理由：第一，他在当地小区的发廊工作室已经开了数十年，也有四代同堂一起来剪的，算是口碑悠久、远远驰名。第二，他依然精进剪发技术，不会倚老卖老，许多年轻客群反而喜欢这种经验老到的师傅设计操刀。第三，服务与价格成正比，他收费不贵，又服务亲切，可想而知这种亲民的体验，必定带来高价值回馈。

剪完头发，麦可用大镜子照着我的后脑勺，让我瞧瞧他的得意之作。当然这一次的理发，我依然非常满意。我们挥挥手彼此说下个月见。

从麦可的案例，我想要告诉年轻人五件关于职场的事：

1.学历不是职场成功的必杀技,专业与服务才是。

2.找到自己的天赋,远胜于做纯粹收入高的工作。

3.专注在某个领域,让自己成为这个行业的专家。

4.平衡自己的人生,培养工作之余的休闲与兴趣。

5.行行出状元,人生没有一定要做什么才能成功。

5. 经营"咖啡馆"的想望背后……

到台东成功商业水产职业学校（简称"成功商水"）演讲，顺便小旅行。

成功商水的郑安顺主任是我认识多年的朋友。一年当中，他总是希望我能到学校演讲两次，和同学们聊一聊"理财"与"职场"。基于郑主任的盛情难却与自己对偏乡教育的使命，再忙，一年我至少都会成行一趟，顺便看看海、吹吹风，享受一个短假期。

成功商水位于台东成功镇。这群高中生，有的来自部落，有的来自市区；有的远从花莲而来，有的就住附近。

他们都有一个共同特质，就是生性腼腆、面带笑容，看见我都会热情地打招呼。这次学校安排的演讲，是希望我与二、三年级的同学分享年轻人应具备的职场素养与培养热情的态度。

演讲一开始，我请台下同学正在打工的举手。心想，这群孩子可能处在中学阶段，尚未读大学，所以工读的人数应该不多。但出乎我意料，举手的约有六成之多。细问，基本上都是餐厅与饮料店的工读生。这让我讶异，这群偏乡的孩子，已经提早走入社会服务人群了。

这场演讲，我的第一个领悟：乡下的孩子，因为提早面对职场，成熟得较早。

我喜欢问学生问题，培养他们独立思考与判断的能力。我最常问学生的是：长大后走上社会要做什么？撇开还不知道要做什么的同学不谈，愿意告诉我答案、人数最多的是创业。而创业的行业，又以开餐厅或咖啡馆居多。紧接着我问的不是为什么要开咖啡馆，而是问他们，知道创业需要准备多少资金吗？

他们的回答几乎都是含糊未定,有的说一百万新台币就可以,也有的说要高达五百万新台币才行。

我追问其中一位想要创业开饮料店的同学,关于创业的资金如何准备,又该如何做计划。他的回答是,先工作五到十年,学会技术与经验,那时应该就有机会存到创业的第一桶金。我接着问,知道一个月要卖几杯饮料,才能损益两平吗?也就是说,损益表的计算到底清不清楚?该如何算出固定成本与变动成本对盈余的影响?问到这里,能够完整告诉我答案的同学少之又少。

我告诉那位要开饮料店的同学,依他说出的条件,算出毛利率后,扣掉租金与人事费用,每天光是损益两平就要手摇三百杯饮料卖出。如果一天营业十小时,每小时要能卖出三十杯才能打平。以每人买两杯计算,每小时要有十五个人上门消费才行,这样他做得到吗?只见这位同学露出讶异的表情,对我摇摇头。

演讲中我的第二个领悟是:年轻人想要创业的不少,但知道如何准备的不多。

演讲中场休息时间，我到台下与五位即将毕业的学生聊天，问问他们未来的动向。其中有三位同学选择继续升学，一位要去参军，另一位要提早就业当厨师。要升学的三位不谈，我问另外两位，为什么不继续念书？一位告诉我，当兵可以马上赚钱，就能改善家中经济条件；另一位告诉我，他对读书没兴趣，及早学得一技之长才是正道。我说，当学生、当兵或当厨师都好，只要爱其选择，快乐就好。我们一起拍张照片，并预约二十年后，再回到学校共聚一室，确认自己的人生是否一路照着本来的想法走。

关于演讲的第三个领悟是：一个人不必忙着自己想做什么工作，重要的是，清楚选择某项工作后，要使自己变成什么样的人。

演讲结束，郑主任陪我走出校门口，不断地感谢我对这群孩子的教导与点评。我说："这是我喜欢做的，一点都不会累，我对教育有一份热忱，对学生更有多重关爱，有机会付出真的很幸福。"

想要告诉年轻人，要开咖啡馆很好，要创业很棒，要过着自主的日子很美。但一定要事无巨细地规划、认真统筹,才能达到梦想成真的结果。

6. 创业不是闹着玩的？！

"最近认识一个自己出来创业的朋友，做信息安全管理的，一直想介绍他认识你，如果你有时间或是台南有读书分享会，让这个刚出来创业的小伙子听听你的鼓励，会是一件美好的事。"一位朋友传来这则信息，要我与这位年轻人见面。

关于朋友介绍朋友让我认识，我几乎来者不拒，甚至是更积极地想认识对方。我持两点理由：第一，我常挂在嘴边讲的一句话："人脉的终极目的是利他。"既然认识朋友是要拿来帮助别人的，当然要多多益善，这样要再帮助更多朋友的机会才会更大。第二，朋友想要介绍他的朋友让我认识，某种程度一定是朋友认为我可以帮什么忙。如果可以认识新朋友又能帮上忙，那不是一举两得，更棒！

经过电话联系，一个月后我们见面了。他叫信智，是年纪小我一轮的年轻人。

一开头，我就告诉信智，创业从来就不是一件简单的事，若没有相当的决心与勇气，创业是一点都不好玩的，甚至搞到人财两失都有可能。说实话，我不是想威胁信智，让他打退堂鼓。而是近几年来，我遇见太多年轻人，只因为工作上和老板同事处不来（人际关系问题），或是觉得自己职位低薪水差（眼高手低心态）这两大原因，才萌生创业的念头。但是到头来，这样的年轻人创业失败率很高。

"我想挑战自己，让自己在工作领域更进一步，才是我创业的初衷。"信智这句话，仿佛告诉我，他是玩真的。这也算是我听到的在职场当中因不满足现况，极欲寻求突破的为数不多的创业理由。

拥有名牌大学信息专业的硕士学历,信智并没有显露出骄傲的气质。他的谈吐与内涵,都有超乎同年龄的成熟感。我继续问他,在没有太多靠山与人脉下,公司的营运与业务拓展,你该如何破茧而出,杀出重围?

他分享自己的看法,让我确信这位年轻人创业之路的确是有章法的。他说了很多做法,我大致听出四个重点。而这四大重点,也是职场工作者,可以学习的心法。

1. **勤劳与努力**:信智告诉我,当他爷爷还在世时,他听到的最后一句话是"一勤天下无难事"。就是这句话,再加上家人对他的支持,让他义无反顾往创业之路迈进。规定自己每天打电话数十通,一定要能从电话约访中,达到至少两位客户愿意与他见面才肯方休。他说,中国人强调"见面三分情",不管对方愿不愿意与他签约,他都很享受能够见面洽谈的成就感。他笃信,见面就是商机,商机就在谈话里。

2.远见与格局：随着"个人资料保护法"的施行及"资通安全管理法"的制定，他从事的信息安全行业成为了未来的明星产业。信智非常确信他现在创立的公司属于具有良好市场前景的行业。他说，宁可先辛苦一阵子，也不要痛苦一辈子。趁年轻，好好拼，信息安全行业是看得到未来的产业。

3.兴趣与专业：信智说："或许目前我没有人脉，或许现在我没有客户资源，但我所拥有的是对这个事业无比的热情与投入。我有兴趣，可以全力以赴地冲刺业务；我有专业，可以用心满足客户的需求。"因为在大企业历练多年，他有过硬的专业业务能力，这是他引以为傲的最大"资产"。

4.挫折与失败：《双城记》开场白说："这是一个最好的年代，也是一个最坏的年代。"信智当然知道，创业不是必然会成功的。他也必须承受创业失败所带来的后果，或许就是亏光本钱，再者就是重回职场当一位好员工。我告诉他，人生不是"得到"就是"学到"。当创业成功，谦卑以对；创业失败，经验不白费。

　　我喜欢信智分享给我的一段话。"马云说，创业者要懂得用左手温暖右手。而我自己觉得，就算没有掌声，都要抬头挺胸和微笑。甜美的果实是在你付出许多后，上帝赐予的恩惠。"从信智的思维中，我看见一位年轻人愿意脚踏实地、苦干实干的价值观。这等美好信念，当是每位年轻人身上应当具备的。让我们一起祝福他，创业有成，历久不停。

7. 原来我也可以当记者

一如往常,在假日的早晨,我喜欢找一家咖啡馆悠闲吃早餐,顺道开始我的阅读时光。我翻开第1121期《商业周刊》,迫不及待地浏览何飞鹏社长的专栏。

这个专栏是我翻阅《商业周刊》的最大动力之一。过去几年来,每周一次的"商场自慢塾",皆陪我与分行同仁,一起分享职场甘苦谈。

何社长这次文章的标题是"先有数量,再求质量"。

这篇内容叙述何社长担任记者时,他因"写作"这件事所带来的乐趣与心得。话说他刚到《工商时报》任职，由于是一名菜鸟记者，多数同事和他一样，大都是写作慢、发稿量也不足。因此，他说提升写作速度与增加稿量，成了他当记者的首要任务。

何社长接着说："写稿慢的原因，是因为题材不足，如果看到什么写什么，不挑题材，稿量就能不虞匮乏。而速度，也就因为多写多练习，自然而然就会变快。"

就是因为他的这个策略运作成功，何社长的写作功力大为提升，不仅大事会写，小事也能切题；而文笔广度够、深度也强，更是他后来成为明星记者的最佳利器。

这篇文章我读来特别有感触，因为何社长所说的，竟是我现在正在做的，也就是我每日奉行的准则。这个准则是"每天都要写，好坏是其次"。

多年前，自从开始写部落格（博客）"光阴地图"算起，时至今日，我已经完成从不间断的数千篇大小文章。我也渐渐从部落格书写，转向到脸书上的记录。书写部落格，像是把文章储存在档案室，可以好好收藏；而在脸书上发文，好比新闻直播的实时报道，过了一天，很多朋友可能就错过这篇发文了。

如同何社长所言："先有数量，再求质量；先有速度，再求深度，后求广度。"我已经慢慢习惯这种写作方式，再怎么忙、再怎么累，纵使在一天当中即将结束的最后一小时内，我都能准时交出文字，为自己的人生留下美丽的轨迹。

这样的写作训练，让我有时在平凡无奇的生活中，能以更细腻的观察，从更敏锐的角度，写出我的所见所闻。很多时候是有感而发写出回忆与看法，有时也会因为灵光乍现，写下自己独特的见解。

现在的我，只要主题确定、思绪清晰，一篇文章一个多小时几乎都可以完成无误。也因此，当我读到何社长这篇文章时，直觉联想到，原来我也可以当记者了。这又是因为投入写作的热情后所带来的始料未及的想法与好处。

话说回来,源源不绝的文章产出,除了要"用心"观察人生大小事外,更需要大量阅读才能相辅相成,否则今天没有拜读何飞鹏社长的大作,何来的认同与响应呢?

"用心发现,潜能无限",是我很喜欢激励自己与鼓励朋友的一句话。它不仅只是一句广告词,更是实践人生理想的名言佳句。生活里更"用心"地看世界,不仅可以帮助自己发现美好的生命风景,而且通过自己的努力实践,不知不觉中,"潜能"也就被开发出来。

我认为,每个人都应该是自己生命中的"记者"。用笔、用照片,更要用心,记录自己的生活点滴与精彩人生。而每个人的生命,是否过得踏实、过得丰富,就看自己是否愿意走出去、打开心扉,与这个娑婆世界好好接轨喽!

8. 寻找职场桃花源

每年只要到了凤凰花开的毕业季节，许多学校就会请我对即将走出校园踏入职场的学生谈谈"新人应注意的职场问题""工作竞争力""面试技巧与简历撰写"及"职场应有的态度与思维"等课程。若时间允许，我几乎乐于接受每一个邀约，希望将自己二十年的工作经验通过一堂课分享给年轻人。

纵观近五年的大小场演说，我总结寻找职场桃花源的五大要点。希望这五大要点，能带给还在学校、刚走上社会或职场打滚不顺的朋友们一些良心建议。虽然每家公司组织文化不尽相同，相处的同侪与主管也不一样，但这五大要点，是我认为可以历久弥新，不被潮流所淹没的黄金定律。

态度很重要，做人正向乐观

我常说"态度决定高度"，态度是职场成功的第一把钥匙。俗话说"师父领进门，修行在个人"，我笃信"态度"就是最好的师父。或许你听过，但我还是不厌其烦地想要将这个比喻再说一次。态度的英文是Attitude，若将A记成一分，B是二分，C是三分，依此类推，X、Y、Z分别就是二十四、二十五、二十六分。以Attitude来解析，A是一，T是二十分（有三个T共六十分），I是九分，U是二十一分，D是四分，E是五分，加总起来共一百分。而知识（Knowledge）得到九十六分；努力（Hard work）也只得到九十八分，都低于态度的一百分。

我刚从事银行业务工作时，主管告诉我，业务有一个CASH法则，将C改成K变成KASH，发音一样。将这四个单字拆解成K（Knowledge，知识），A（Attitude，态度），S（Skill，技巧），H（Habits，习惯），就能赚到CASH（现金），让人生物质丰盈。主管说，这四个单字，最重要的是态度，其次是习惯，再次才是知识与技巧。因为知识与技巧可以靠后天学习，而态度与习惯比较像是一个人的性格，不可能马上改变，需要长时间的积累与沉淀才能形成。也因此，若新人刚走入职场，能拥有好的工作态度与习惯，是影响甚巨的。

"心向阳，生活喜洋洋；人向善，生命离苦难。"这是正向乐观的最佳写照。没有人喜欢哭丧着脸的人，也没有人愿意让负面情绪的人包围。展现热情，散发魅力，当一个温暖人心的人。"人生顺境时，要顺势而为；人生逆境时，要逆向思考"，是我常给同学的建议。

先强大自己，再拉别人一把

年轻人走上社会，需要前辈的指引与教导，当务之急就是先强大自己。在菜鸟阶段不要怕犯错，要多方尝试与学习，让年轻的自己变成主管可以信赖的人。当经验慢慢增加，从菜鸟晋升到老鸟时，更应该发挥"己立而立人，己达而达人"的精神，帮助别人，成就自己。

以我自己为例，我喜欢帮助别人，也乐于分享自己的经验。我给自己订下几个KPI，一年要到校园演讲至少二十场，传授职场潜规则，让年轻的学子少走冤枉路；每周都要找到数次机会帮助别人，提升自己的社会责任意识。的确，因为做了这些事情，让我变得更忙碌、疲于奔命，但这也确实让我心情特好，感受无限欢喜。真正验证"施"比"受"更有福的道理。

培养好人缘，厚植人脉存折

"人脉的终极目的是利他。"把认识的亲朋好友当成帮助别人的利器，是一件快乐又有智慧的事。年轻人刚走上社会或许人脉不广，人际关系有待建立。此时，参加一些公益活动与社团运作是可行的。一方面在团体里有相关的话题可以交流，另一方面可以与长辈亲近，学习为人处世的道理，是一举两得的好方法。

人缘要好，笑容与助人不可少。笑容常开、谦卑为怀的人，总是较得人缘。愿意付出、热心助人的人，终究较受欢迎。这两个关键法宝一点都不费力与不用钱，只要愿意实践，就能带来善缘好运，不信你试试。

寻找好导师，贴身学习本领

趁年轻，找到自己职场的标杆与典范，是让自己快速成长的途径。很幸运的，我因为早早找到自己的职场导师，才能有机会用最短的时间当上银行主管，也因为从师父身上学到运筹帷幄的管理本领与乐于助人的处世哲学，让我的领导管理工作一路顺遂，成为职场快乐的工作者。

如何寻找好导师呢？我的建议是：

其一，从自身工作领域开始发掘，找一位大师级的人物，好好了解他的成功之道。这比喻就像是，当我还在饭店业时，我的职场偶像是严长寿总裁；当我转战银行业时，我的标杆是陈嫦芬老师，他们都是业界翘楚，都是值得认真学习的对象。

其二，在自家公司或业内，找出可以联系或请教的前辈，这也是建立职场口碑的好机会。当许多前辈都说这位年轻小伙子肯学、愿意上进，职场的名声与道路当然好听又好走。

乐当"π型人"，让自己更独特

"π型人"是管理大师大前研一先生所提出的人才概念。泛指在现代职场中，能够具备两种专长的职场工作者，遇到不景气或公司重大变故时，可以不受影响地好好存活，用稳固姿态屹立于工作当中，无畏于环境的变化与挑战。

我总是建议年轻人，走上社会之始，别急着玩乐，好好观察自己行业的属性与特质，以自身天赋为基础，善用资源与人脉，多学一项技能以备不时之需。像我，除了银行专业以外，还可以当企业内训讲师与作家，就是培养第二专长的实例。

桃花源是一种怡然自得的感受。我希望这五个要点读者能感同身受。

9. 梦想，来自积极的实践

起初，我不认识她，在那个针对大学生职业生涯发展的讲座场合，她因为听了我的演讲稍受感动，便与我结识。

那一次的金融研讨会盛况颇大，多数是来自大陆的银行业者，他们对于台湾财富管理的策略与发展，想要深入了解的意愿之强烈，让我印象深刻。经由研讨会牵线，我与系主任慧琳建立起良善友谊。会后的茶叙中，她又再度邀请我来学校，对学生进行一场激励人心的讲座。

当我第二次踏进这所学校演讲完后，我告诉同学们，若大家未来还有问题想要与我联系,可以写邮件或加我脸书,我很乐意用自己的经验,回答大家的困惑。

而小华就在当时加了我的脸书,但我们没有面对面地互动。

一直到来年,系主任三度邀请我到学校开讲,她才跑来演讲台前和我相认。从那一次短暂闲聊开始,我算是认识小华,也真正了解她,那一年她念大三。

小华来自单亲家庭,家境虽不富裕,但家人相处融洽。她说自己受到家扶中心很大的帮忙与资助,所以当她升入大学,在寒暑假有空当的时间,就会回到家扶中心打工,用受助人的角色回馈,成为一个懂得感恩的人。

犹记在我们的交谈中,她问我一件事:"请问老师,梦想的追求很难吗?我真的可以实现梦想吗?"当我听到她这个问题时,并没有马上回答,反而问她:"什么是梦想?"

"就是达成自己的心愿啊!"她如此回答我。

经过和小华详谈，我逐渐了解她的生活处境比其他同学更艰困。因为她除了要自力更生赚取学费外，也要帮忙负担家中生计。年纪轻轻的她，有着比同年龄更成熟的性格。但我也确信，虽然家庭经济匮乏，她仍保有梦想，不囿于困顿的环境而能努力向上。

就在小华升上大四，届临毕业的最后一个学期，系主任慧琳到公司来找我，询问我的分行是否有工读生名额，因为小华想到银行实习，才能取得学分方可毕业。

很幸运的，恰巧当时远东银行有针对应届毕业生举办"早鸟计划"。所谓早鸟计划就是培育一群"准"社会新人，通过公司面试后，集中到台北受训数周，然后再分发到分行担任实习生。这群实习生有课就到学校上课，没课便可以到银行工作。

因有系主任的推荐，再加上我对小华人品的了解，我非常乐意推荐她来远东银行面试。在小华赴台北面试前几天，我约她见面，告诉她关于银行业务的种种知识，希望她能通盘了解，通过实习面试。

最终，小华够争气地取得实习机会，成为一位准新人。

后来由于我北调嘉义，离开服务满三年的凤山分行。小华在高雄实习的那一段日子，我们各忙各的，几乎没有联络。一直到她毕业前、完成实习资格后，她搭着火车来嘉义找我。她说想要亲自当面谢谢我，是我让她提早面对职场的挑战，也顺利取得学分完成学业。

我请她喝杯咖啡，听她告诉我这几个月的实习感想。经过五个月的锻炼，她的确成长不少，也更加成熟，这是令人感到欣慰的事啊！回程，我送她到车站搭火车，勉励她学会做一个感恩的人，未来有机会也要当一个有能力帮助别人的人。她点点头，微笑着说好。

"日子可以过得很平淡，但对梦想也要有期盼；生活可以过得很简单，但对未来也要有承担；生命可以过得很从容，但对过往也要有认同。"这是我想送给小华的一段话。梦想来自积极的实践，祝福小华愿望都能实现。

10. 转身离职，成为更好的自己

下班时，我的手机传来这则信息："家德经理，我最近已提出辞呈了，很开心可以在银行与您认识，希望离职后还可以保持联系。我转战高科技业了，细节等您来台北我们见面聊。"

传信息给我的是阿和。一位研究生毕业没几年的年轻人，也是我的远方同事。他的离职让我有小小错愕，因为他的工作内容是人人称羡的总裁助理工作，怎会离职呢？

与我有一面之缘的小莉，是岛内某家知名度颇高的报社小记者。前些年，她因为工作来采访我，我们聊得相当愉快。她曾经告诉我，当一名好记者是她的从小的梦想，她很幸运一踏入职场，就在大公司上班。

某天，突然接到她打来的电话，说要采访我。在我还没开口说好或不好时，她已经告诉我她离开老东家了，现在在一家新的媒体公司上班。我心中也是一股疑问：好好的大公司怎么不待了呢？

"离职"这个词，对多数的上班族或创业老板而言，都是一个曾经经历过的体验，很平凡却又印象深刻。

马云曾经说过，员工离职的原因很多种，只有两点最真实："钱，没给到位；心，委屈了。"这两句话，的确道尽了许多职场上班族的心酸。当然，除了这两种原因，一定还有许多离职的真正原因。

借着北上开会之便，我与阿和约出来吃饭。

"之前的工作太没有挑战性了，虽然主管一直挽留我。因为我还年轻，想要多充实自己才离开，而薪水绝对不是我最在乎的。"阿和一语道破自己离职的主因。

他想要学习更多新东西，也想挑战新领域。

小莉如期来采访我。结束后，我问她，好端端的公司怎么不待了呢？

"真的太累了，常常为了赶稿，加班到三更半夜。我以为我可以慢慢适应，可是经过一段时日之后，我发现真的没办法。"小莉一边关电脑一边告诉我她离职的主因，就是太累了。

阿和与小莉都离职了，也都找到了他们觉得合适的新公司。但他们的离职原因大相径庭，一个觉得太安逸，想要更冲一些；一个觉得太辛苦，想要稍事休息。这些理由都对，因为他们都想要做更好的自己。

我自己也换过好几个工作，理由都不同，但都很笃定。

在饭店业担任财会人员，是我走上社会的第一份工作，后因母亲生病想要陪她走完人生最后一段而离职。这个离职理由很单纯，就是为了"亲情"。

考上银行之后，从事房贷放款业务工作。做了将近三年，也拿到许多荣誉，不仅加薪也得到升迁，在主管眼里，我应该算是潜力股。但因为更喜欢财富管理的业务工作，让我转战外商银行当理财专员。离职的理由和阿和很像，就是"挑战"。

离开外商，转战金控，只因机会出现。这个机会就是升任主管，带领二十位业务同仁开疆辟土，学习领导管理能力，让自己成为一位称职的管理者。由单兵成为主管的转职，几乎是许多职场上班族的常规性的上升通道。某种程度上来说，这也是自己过去的职场经验被肯定。这个转职的原因很充分，就是"梦想"。

因为职场贵人Beryl的一句话："家德，和我一起到新公司任职吧。"我义无反顾，收拾行囊，不问薪水多寡地跟她走。我相信在职场上，这种情况屡见不鲜，就是"因为与主管共事愉快，当主管被挖角时，主管很容易带着自己的心腹一起赴职"。虽然当时我在前公司如鱼得水，受到器重，我还是因为"报恩"而离职。

担任分行经理工作，一直都是我的最爱。当被告知要从第一线的"将军"转成后勤的"幕僚文官"时，我选择离开。因为我知道，我的战场在外面，我的兴奋点是客户。每天能够做自己最喜欢的工作，才是最幸福的上班族。犹如我的作家好友褚士莹说的："工作是一种看得见的爱。"我的工作要有爱的滋润，而且被自己看见。显而易见，我离职的原因是我找到了我的"天赋"。

离职没有不好，只要能够让自己更好，都是值得改变的。在职场上，一定有许多转职的机会出现，而"选择"往往比"努力"来得更重要。选择需要智慧，也需要勇气才能找到正确的道路。而我也相信，阿和、小莉和我，都正走在正确的人生道路上。

11. 从卡关中翻身

在一次职业生涯的演讲场合认识培培。

培培有着名牌大学企业管理研究生的高学历，又考上录取率只有百分之二的台湾公务员考试，成为众人称羡的公务员。目前从事公务员工作已经五年，是一位单身OL（办公室女职员）。

培培和我因为有许多共同好友而变得更加熟识。不免俗地，加LINE、加脸书是不可少的。

某日晚间，我的脸书突然传来培培的一则信息。内容如下：

家德大哥，我是培培，想请教您一件事，不知道您对于银行业未来的看法是什么。最近有机会进某家金控，可是有点犹豫。因为现在在财政单位做公务员，工作单纯，薪水也很固定，但无增长进步空间，选择银行犹豫的原因，是担心分配到台湾北部，租房的费用跟环境是一笔不小的开销，放弃现职的机会成本加大。银行业绩问题是与家人沟通过程中，最不能让他们理解的部分，总觉得对于未来选择还是感到很彷徨啊。希望阅人经验比较丰富的您，能给我一些意见跟看法。谢谢您抽空看我的信息。

看完培培的来信，我知道这不是一个容易回答的问题。这其中包含三个右面的问题：

1.培培的人格特质与职业生涯发展如何并行不悖？

2.转职的动机与目的是什么？

3.关于银行业的前景与未来如何看待？

为了帮助培培，也为了让自己思索这个大哉问，我请培培给我一天时间，以便与她一同讨论这个让她纠结的职场课题。

恰巧，隔天我在公司有一堂内训课程。我便将此问题设计成教案，请一群同在银行业的同学一起做头脑风暴，厘清可行的建议。教案内容如下：

二十八岁，女生，未婚，名牌大学企业管理研究生。从事公务员工作五年，月薪约四万新台币出头。考上某金控银行，年薪比公务人员多十万新台币。分配地点可能是台湾北部，工作内容未定。梦想是买一千万的房子。你建议她换工作吗？

课堂中有六小组，每组有六位同学。大家对于这个议题都感同身受。或许组员们都在金融业，有切身感受；也或许这个职业生涯选择是非常真实两难的，讨论起来就格外热烈。

先说小组的结论。有四组建议培培不要离职，留在原职；有两组觉得培培应该大胆离职，做更好的自己。

建议不要离职的理由不外乎有以下三个：

1.台湾公务员考试录取率低，收入稳定，在外人眼中是铁饭碗，好得很。

2.有可能调动到台北，短时间必须背井离乡，与家人分隔两地，何苦来哉。

3.银行业有业绩考虑，较公务人员的压力大，千万不要做傻事。

而建议培培大胆离职的主要原因包括：

1.年薪马上多十万，公职升迁加薪慢，要买房子才有希望。

2.拥有高学历，又在有竞争力的机构任职，只要愿意努力，工作成就感一定很高。

3.还年轻，应该勇闯天涯，纵使到台北任职，会

有更多机会,而应不只是看到威胁。

虽然他们都不是培培的朋友,却也都做出极为中肯的建议。带着这群同学的建议与看法,晚上,我与培培见面深聊。

见面一开始,我问培培对于转职,是否已有定见。培培摇摇头说没有。但她告诉我她身边所有亲朋好友,都叫她别换工作,甚至有朋友告诉她,银行业是夕阳产业,让她觉得转换"跑道"是不对的,而她也终于体会"选择比努力更重要"这句话的含义。

我用前一天思考的三个方面,告诉培培我的想法与建议。

首先,因为培培的人格特质算是开朗活泼,不是一位内向的女孩,对于到银行业任职,绝对没有太大问题。另外,培培希望在年轻时多磨炼,期望未来能当上主管领较高的薪水,这都是金融业可以给她的舞台。也是我觉得她在两者做选择时,可以游刃有余的优点。

其次，培培转职的动机只有一点。离开外人称羡的舒适圈，赚更多的钱，目的就是可以实现梦想，尽早买房。培培告诉我，她总觉得在三十岁之前，就被工作定义人生，好像太快了些，想要去闯一闯，体验职场的新风景。我则反问培培，若辞掉公务员的工作到银行，发现入错行了，想要再回去重新考取公务员的工作，对你来说有困难吗？培培坦言不会。

最后，关于银行业的前景与未来。我告诉培培，没有夕阳产业，只有夕阳心态。银行业是民生的行业，有人的地方银行业就一定不会消失。虽然Fintech（金融科技）来势汹汹，但常保学习心态，走在浪潮上，也就不必担心被淘汰。培培举一反三地回我说，那么公务人员之所以会被社会贴上封闭或不长进的标签，也都是心态问题啰！我回答："是的。只要用心生活，顺势而为，逆向思考，就能找出自己的天赋，让职场走得越来越顺，越来越平稳。"

我们聊了许久，也从职场的不同方向去探讨。我告诉培培，不管我的建议为何，她终究要倾听自己内心的声音，做出自己心甘情愿的选择才是。

经过深思熟虑，培培决定留在现职，当一位杰出的公务人员。关于买房的梦想，培培与我的想法是，多储蓄，也通过投资理财，收入的增加，让自己能尽早买到梦寐以求的房子。

这是一个职场关卡的选择。我也相信培培经由这次的抉择，了解到人生不是得到就是学到。祝福她。

第二章

"罩得住"的人脉与人际

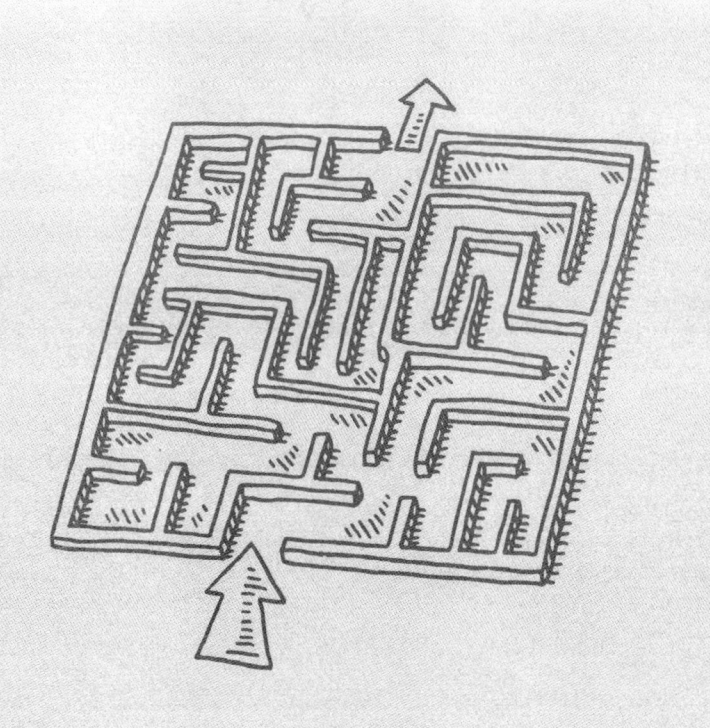

12. 人脉是这样拓展的

从埔里为一群小学生演讲完的回程路上我听了广播。

当频道落在FM98.1，喇叭传来清晰悦耳的声音，我便静下心来聆听。我用眼看着车窗外二高的翠绿山峦，用耳听着主持人的节目，享受一个人驾车独处的幸福感。

我喜欢上下班开车听广播。早晨几乎以新闻节目为主，让自己快速知道天下新闻大小事，这些都是在上班时间与客户闲聊的好话题。傍晚下班，我较常收听音乐节目，哼着歌，释放工作的紧绷感。有时候若是心血来潮，也会任意选取频道收听，让自己意外发现好节目，这是一种惊喜，也是听广播的乐趣。

驰骋在台湾中部山区的高速公路，能听的节目真的不多。当频道停在"教育Talk Bar"时，想不到也就是我与节目主持人朱玉娟小姐缘分的开始。

当天节目中，玉娟采访岛内颇受商业人士欢迎的《经理人》杂志总编辑齐立文小姐，谈"领导与管理"。听见这个职场议题时，我当然极度感兴趣。因为在自己担任主管生涯十多年来，领导的真谛与管理的艺术，就是一门永无止境的学习路程。而《经理人》杂志更是我订阅多年的好刊物。在这双重因素加持下，自然也就很难转台了。

主持人功力果然了得。聊这个生硬且不容易让听众马上了解的主题，竟能用深入浅出、切题合宜的方式，引领来宾阐述当期封面要点，让我相当佩服。当我完完整整听完这个专访时，我兴起了想要认识朱玉娟小姐的念头。除了她用心做此专题，让我轻松吸收新知的因素外，玉娟的口条表达与应对技巧，更是我所赞赏的。

回到家，我立刻用脸书搜寻朱玉娟，值得庆幸的是，很快就让我找到玉娟的脸书账号。现在的我，要将不认识的人加为脸友，都有一个好习惯，就是通过私信写个短文告诉对方，为何要加朋友的理由。我是这么写的："哈喽，玉娟您好。今天听广播，听见您的节目，受用。遂加您脸书，谢谢。希望改天可以与您聊聊职场大小事。"隔天，玉娟就按下了确认键，并回我说："您太客气了，我很乐于跟您请教呢！"我们的第一道缘分正式建立。

约莫过了三个礼拜，脸书传来一则玉娟发给我的信息："家德老师好，在脸书上看见您分享自己的书，才知道原来您不仅是个优秀的业务主管、经常去演讲的老师，同时也是作家。上网去搜寻您新书的资料，发现是本值得推荐的书，跟节目属性也像，所以想邀请您上节目。不过，因为您住在台南，所以不太好意思勉强您一定得北上受访，真的不方便北上，我们可以电话访问，但等我先把您的书读完，免得问不到书中精华，还请老师有空再回讯给我，感谢。"

哇！我真的太开心了。想不到自己尚未找到机会北上找玉娟请教，这位得到金钟奖肯定的主持人竟然主动邀约我上节目，这是惊喜，也是恩宠。我即刻回复："我北上没问题，很高兴能见面哦！"就这样，彼此敲定一个我顺道北上拜访客户的空当见面录节目。我们的第二道缘分就此确立。

玉娟真的非常尽责，在访问我之前，几乎做足了功课，举凡书中大小故事，她几乎知之甚详，让我钦佩。她说自己是一位做事谨慎龟毛的人，其实连要找我上电台，她都是要清楚了解背景之后才会发出邀请函。她从脸书与书的内容中，发现我的确有一种异于常人的特质，就是热情破表。这样的人格特质让她欣赏也愈感好奇，想借由录广播的机会与我相见，也亲身体会如何"用热情驱动世界"。

我们真的相见如故。比原先预定的采访时间足足多出近一个小时，但这是值得的。因为愿意分享，我们更有默契；因为珍惜缘分，我们相谈甚欢。节目就在玉娟的专业引领下轻松完成。因为我们聊天的话题很广，玉娟发现关于理财的议题，日后还可以再找我上节目谈，我当然很乐意答应。我们的第三道缘分也即将展开。

在聊天过程中，我们聊到了企业内训大师谢文宪（宪哥）先生。因为宪哥是我的好朋友，也是广播节目主持人，我特别问玉娟是否认识。若认识，很棒；若不熟，我愿意介绍。玉娟告诉我，她不认识，只有耳闻，是通过一位与宪哥熟稔的朋友——汪士玮小姐，才知道这位大人物的。我告诉玉娟："太棒了，您让我有机会认识一位新朋友士玮，也让我可以介绍宪哥给您认识，真是一举两得啊！"

两天后，我传了一则信息告诉玉娟，我已经在脸书与士玮成为朋友。也告诉宪哥，希望有机会介绍他们两位能够彼此认识。玉娟回我一个赞，并告诉我："你真的是超级行动派，佩服啊！"

人脉如何拓展？就从自己感兴趣的人事物开始吧！困难吗？我觉得一点都不会。只要真心诚意，从"人脉的终极目的，就是利他"出发，好朋友一定满天下！

13. 高铁商务舱的秘密

"先生,您从经济舱升商务舱的位置只剩临近走道的位置了,可以吗?"柜台小姐问我。

"没关系,有座位就好。"我说。

这是一趟上台北准备接受《今周刊》封面故事专访的行程。基于想要让思绪更清晰,临场表现更好,我用信用卡红利积点升等到商务舱,让自己能有较安静的时间与空间准备这次的采访。

虽然很不巧旁边已经确定要坐人,但我想总比搭经济舱的吵闹风险来得低一些。

从台南一上车,依车票上的号码位置坐下。当车子缓缓驶出高铁站,我旁边靠窗的位置依然没有人坐。心想,会不会这张票的主人来不及上车,虽然不是坐靠窗,也可以让我一路心无旁骛准备到台北的访谈。

不到二十分钟车程,嘉义站就到了。这时,一位戴着棒球帽,穿着一派休闲,有学者风范,六十多岁的中年男子很有礼貌示意我,旁边是他的座位。我赶紧收起餐桌上的笔记本,让他从容入座。

我识人的功力不算差。依我猜测,坐我旁边的这位先生,应该是一位教授或创业家。

不晓得什么原因驱使,他一坐定位,我便很自然地转头向他开玩笑:"你坐的靠窗位置原本是我想坐的,没想到却被你捷足先登了!"他也笑笑地回应:"我这个位置,是两天前就已经买好票了。"因为这个话题,开启彼此互相认识的机缘,都喜欢分享的我们,就这样一路聊天到台北。

而在这一个多小时车程的聊天中，竟是我获得更多人生智慧的美好时光。

这位先生姓侯，果真是一位创业家。在六十岁之际，虽然事业正值高峰，因为希望享受退休生活，便毅然决然把公司关闭，迄今已经十年。由于儿子们都在海外工作，他也就游走加拿大与中国台湾之间。嘉义是他的老家，台北是他的创业基地，全球各大城市则是他常常出差的目的地。他是一位懂得工作与休闲并重的商务人士。

这趟北上之旅，几乎都是我向他请教人生。他儿子年纪只小我四岁，原则上，他算是我的父执辈，他几乎是用一种和自己家小孩说话的口吻与我聊天，让我如沐春风、获益良多。

归纳这席与他谈话的内容，我写在笔记本的重要记录共有三个亮点。

第一，侯董告诉我，他的外文能力很强，这是他创业的基石。他念南一中时期，几乎将整本英文辞典完全背熟，升大学时，顺利考上名牌大学外文系。我问他，语言是与生俱来的天赋吗？他挥挥手告诉我，这都是下很大苦功得来的，不是天赋，只有勤奋。

刚走上社会，他考进了人人挤破头的台湾"中央通讯社"担任编译工作。在那个年代，能够拥有这份多数人称羡的工作，薪水比别人好很多。所以，关于他学习语言这件事，我得到的亮点是：**只有磨炼，才能熟练；只有付出，才会杰出。**

第二，创业初期，侯董其实并不是从事贸易，而是开设针织工厂。

他告诉我，原先他以为只要接获大批订单、提高营业额，获利自然就可到来。经过几年营运之后，他发现营业额虽逐年提高，但净利并没有随之提升，有时反而更忙更累。他终于明白，工厂的营运重点在于"管理"能力。如果不会管理或无暇管理，只是大量地冲高营业额，没有兼顾成本与费用控制，造成漏洞百出，那还不如缩小营运规模，稳健获利即可。

经过创业几年，侯董找出他真正的核心能力，不是工厂管理而是国际贸易。深思熟虑后，他关掉了有两百多位员工的工厂，转做员工只需要数十人的贸易公司。侯董这段往事，带给我的亮点是：**找到职场的核心价值，不好大喜功，专注在自己最擅长的领域。**

第三，他每次出差，乘飞机一定搭商务舱。侯董告诉我一个故事，也是促成他日后都搭商务舱的原因。他说，有一回要到日本出差，被航空公司升等到头等舱。坐在他位置旁边的是一位日本跨国上市公司总经理，因为侯董也精通日语，便与这位CEO闲话家常。更由于业务上有某种程度的交集与关联，他们竟在飞机上谈出了生意的契机。这是侯董公司营运上最为意外的收获。

从此以后，他深谙一个道理，能搭商务舱的人，一定有过人之处，若没有机会做成生意，能当朋友也是一桩美事。这个亮点真的很简单，那就是：有机会接近成功人士，向他们学习人生经验，是快速成长的契机。以营销学的角度来看，也可以说是：**选对池塘钓大鱼，精准营销，致胜概率当然较高**。

临下车之际，我们留下彼此的联络电话，也加了LINE。我从袋子里拿出我的书送给侯董，感谢这段旅程他对我这位小老弟的分享与建议。虽然，原先想要在车上静静准备专访计划的被打乱了，但这突如其来的人生惊喜，却是让我更甘之如饴的意外收获。此趟高铁商务舱之旅，对我而言，真是满载而归。

14. 马斯洛的职场五大需求

"四十岁，我想当上银行经理。"柏维用坚定口吻告诉我。

认识柏维是一个有趣的过程，起因是一笔房贷业务。当时，客户已经要向柏维所属的银行办理此笔房贷。后来因为我的好友推荐我与客户认识，转向找我承办这件授信金额颇高的业务。我想当然地认为，柏维因为杀出我这位"程咬金"而痛失案件，一定对我心生不满。

客户对柏维服务依然肯定，在一股英雄惜英雄的情怀下，我打了一通电话给柏维，告诉他，我想约他见面好好认识一番。除了致意以外，也趁机认识一位年纪小我一轮多的优秀年轻人。想不到，柏维在电话那头表现出极有风范的态度，答应我们的见面。

基于见面三分情，见了面就是朋友的关系，我与柏维的友谊日渐加温。我们不仅偶尔见面、通电话，也成为脸书朋友，他更在我第一本新书发表会，亲自站台分享这段难得的缘分。当时他很幽默地说："当吴经理打电话给我时，我真的吓了一跳，那时我想说，我的网上简历应该是不公开的啊。"惹得台下听众大笑。

又一次北上访客的机会，恰巧时间允许，中午有一个小时的空当，我约柏维在一家咖啡馆见面。这次的见面，竟让我们聊出了一个好观念。我将之定义为"马斯洛的职场五大需求"。

在我问柏维关于自己未来职业生涯的规划时，柏维告诉我，他的职场之路非常明确，就是希望四十岁能当上经理。以他现在接近而立之年，还有十余年可以奋斗，至于他如何大步向前，攀上巅峰，就是我们两个男人讨论的重点。

众所皆知，心理学家马斯洛（Maslow）曾经提出人类的五大需求。分别是生理需求、安全需求、社交需求、尊重需求和自我实现需求五类，依序用金字塔向上的方式排列。我与柏维就用这个架构，将职场从下方最基础的条件到最上层的关键要素找出，试图帮助柏维厘清他的职场登顶之路。

第一层，我们的看法是"专业能力"。

对照马斯洛的第一层生理需求，也是级别最低、最具优势的需求，如食物、水、空气等，这一层主要强调让自己具备活下去的能力。我认为拥有"专业"是不二法门。这里的专业包含文凭、证书、基础知识等。我曾经在大学生的就业讲座分享一个职场观点，那就是"在职场中展现专业，否则就要服务到位"。意指专业是找工作的第一要件，要是专业真的还不具足，那至少要懂得服务。

第二层，我们的见解是"学习能力"。

马斯洛的第二层是安全需求，同样属于较低级别的需求，包括对生命安全、生活安定，以及免于遭受苦难、威胁等。"有专业，让你走进职场；不学习，让你滚出职场。"西谚云："Leader is reader."（领导者一定是阅读者。）说明经由学习能力的提升，才能让你在职场上安全地活着。

我告诉柏维，学习有两种途径可以变得更强：其一，培养阅读和思考的好习惯；其二，和比你更厉害的人在一起。因为学习是一辈子的事，只要找到自己的天赋，乐于学习，一定可以更好的。

第三层，我们的理念是"做人能力"。

社交需求是马斯洛的第三层需求，属于中间层次，这里的需求泛指对爱与归属的需求。若以职场的发展来看，会做事算是基本门槛，会做人算是进阶需求。而好人缘绝对是会做人的先锋部队。

柏维告诉我一个小秘密,让我发现他的好人缘。他说部门同仁若要请假,需要找职务代理人时,他往往是大家最喜欢找的人。因为他总是愿意帮同事完成请假时产生出来的工作帮忙。我相信这种愿意助人的特质,是许多职场上班族欠缺的。

第四层,我们的归纳是"领导能力"。

尊重需求属于较高层次的需求,是马斯洛的第四层需求。尊重包含别人对自己的认同感与真实的名声,也就是一种具有实际存在感的价值。我告诉柏维,想当上主管,一定要有领导统御的实力。而所谓领导统御必须要具备三项技能:第一,科学的工作效率;第二,美学的做人身段;第三,哲学的沟通技巧。

关于如何成为一位杰出领导人这个角色,我给柏维两点建议:其一,格局影响结局,一定要练习用主管的思维做事,也就是以老板的角色出发来做决策,通常成功的概率比较大;其二,关怀使人开怀。要当一位真正受敬重、表里如一的主管,一定要懂得真心诚意地关心别人。所谓

"人饥己饥，人溺己溺"就是这个道理。

第五层，我们的结论是"贵人能力"。

马斯洛的第五层是自我实现需求，是最高层次的需求，也就是实现个人梦想、愿望，发挥个人能力到最大程度。能达到这个层级，代表心想事成、美梦成真。我告诉柏维，纵使具有前面四种能力，若没有贵人的提携与拔擢，就犹如"万事俱备，只欠东风"一样，要当上经理一职只能苦苦等待。

职场贵人能否出现，我提供三个方向给柏维当参考。首先，找到属于自己喜欢的职场教练，全方位认真学习。其次，有机会在公司的公开场合，一定要发表自己的意见与看法，让老板更有机会认识你。最后，持续地帮主管解决问题，让他知道，你永远都在他身旁。

一杯咖啡的时间，就能讨论出马斯洛的职场五大需求。若在未来的日子里，又能帮助到柏维的晋升，那真是太棒了！

15. 插旗全台的人脉地图

请问问自己,全台每一个县市,是否都有认识的朋友驻点?

乍想,我独缺苗栗与宜兰。也就是说,当这两个县市我有认识的朋友居住在此时,我就能达成插旗全台人脉地图的"全垒打"!

近年,因为写书的缘故,上电台宣传也就成为宣传书的一个渠道。这当中,正声广播电台与我的缘分最为深厚。前前后后,我除了上台北总台接受主持人际夫与志苹的访问外,也到嘉义与高雄的分台上节目。

原先的安排，应该只有上台北的电台，为何会多出嘉义与高雄两场呢？这其中原因蛮有趣的，我把它归为"热情分享，幸福开讲"的缘故。

因为上了志苹的节目，播出后颇受好评。恰巧正声每季都会举办MBA教育训练课程，邀请各界人士前来分享，志苹便向公司建议，可以请我到公司内部对正声各分台的主管做一堂关于"热情工作"的讲座。

因为那次活动，让我有机会进一步认识正声其他县市的台长与主持人，也才能延伸出上嘉义与高雄分台节目的机会。若没记错，演讲会后，我与正声的同仁交换了十多张名片，也与其中几位朋友加了脸书。

现在我加脸书的原则是，若是从脸书上看见值得互动学习的朋友，虽然在现实生活彼此不认识，我都会发私信告知对方加好友的原因。这个举动，一来礼貌性地让对方知道我是谁，有利于他按确认键；二来有机会经由文字与对方产生联系，对于深耕友谊是有帮助的。

在这一批名片上，赫然发现，有来自宜兰台的新朋友碧玉。我心想，太棒了，若有机会到宜兰旅行时，一定要找机会联系她。

基于我与碧玉也是脸书上的朋友，我会看见她的动态消息，她会知道我的心情故事，虽然相隔遥远，但脸书上的信息让彼此的距离拉近不少。

两个月后，时值暑假，我正准备带家人一同前往宜兰旅游。这时，我想起了碧玉，思忖这次旅行除了玩乐外，又能与当地的新朋友熟识，绝对是一兼二顾的好点子。

我发信息给碧玉，告知她我在未来几周后即将展开宜兰小旅行的想法。也表示想要借这趟旅行，顺道至电台拜访她。想不到她马上回复非常欢迎我的来访，甚至是用参观电台的规格来迎接我，让我受宠若惊。

在一阵闲聊中，碧玉问我有没有事先订饭店，又是否曾经搭船上过龟山岛，我说均没有。她便很热心地告诉我有认识一位船长，若我想要登上龟山岛走走，她可以帮忙联系。另外，碧玉在南澳有一位开民宿的朋友，曾经上过她的电台节目接受专访，碧玉表示曾到这家民宿参观过，房间非常干净清爽，绝对是可以选择住宿的地方。

听到碧玉强力推荐，加上她熟稔当地人事，我马上回说太棒了！我愿意。隔了一天，碧玉即刻从私信当中传了民宿照片与附近的旅游景点。当我订房的时候，民宿主人因为知道我是碧玉的朋友，给我优惠了一些。更让我感动的是，船长还主动打电话询问我登岛事宜。在电话那头，明显感受到一定是碧玉的缘故，让这位简姓船长巨细靡遗地告诉我，搭船旅游行程如何安排才能玩得尽兴、值回票价。我想，这一切过程，没有碧玉的从中协助是很难圆满的。

我欲插旗宜兰的人脉地图，宜兰的朋友却先给我满满的温暖回应，这是一种幸福的感受与记忆。有朋友真好，能得到朋友的认同更好。人生之美，美在于此。

经过这趟宜兰旅行，我的全台人脉地图只缺苗栗一角。希望在不久的将来，我能够有机缘认识苗栗的新朋友，这将是美好人脉存折的最佳诠释。

16. 以热情牵动暖心缘分

张敏敏和沈芯菱有什么关系呢？答案是台大博士班的同班同学。两位都是我的朋友，但得知他们是同班同学这件事，让我感到不可思议，也觉得有趣。

认识芯菱，来自多年前一场公益演讲的邀约。那时，她已经是一位非常有名的公众人物。她被《商业周刊》喻为"台湾版的诺贝尔和平奖"，《时代杂志》称其"天堂掉落凡间的天使"，《读者文摘》评为"仁勇风范人物"，《天下杂志》誉为"台湾史官"。诸如种种，都是称赞她对台湾这片土地的无私奉献。

那一场演讲,就如同网页上的介绍:"她的演讲,让想自我放弃的人,发现爱的力量;让失去热情的人,寻回工作的价值;让犹豫彷徨的人勇于筑梦。这般影响力,源于厚实的生命淬炼,成长贫瘠的她,以一己之力脱贫助人,完成许多看似不可能的任务。"我因身在其中,如沐春风,见证到芯菱散发出来的热情与活力是如此巨大。

有幸与她认识之后,我就不放弃与这位小我十六岁的女孩互动的机会。因为有了手机号码与通信软件,我会向她分享我所写的正向温馨小故事,她也会回馈我一些心得与看法,彼此保有良善的联系。芯菱因为用心,每年到中秋节前夕,她都会发信告诉我,可以向她家乡的老农订购文旦。她在书信的字里行间,总是透露着对这片土地的热爱与关怀。她是这么写的:

亲爱的朋友们,展信愉快!

感谢各位的鼓励，芯菱甫获2016年"总统创新奖"，台大商学院博士学业多所进展，并赴美国哈佛大学商学院研修，见习诺贝尔教授学范，东体西学，并蓄仁智，盼共同为台湾下一个十年而努力。

公益的脚步不曾停歇，对斯土斯民的关怀，是我成长的动力，今年家乡的老欉文旦丰收多汁，看着阿公、阿嬷们笑开怀的脸庞，幸福感油然而生，分享这份浓郁甘甜的滋味，敬邀送礼、自尝两相宜。欢迎多加转寄，圆老农的心愿，再次感谢您的支持！

敬祝：中秋月圆、团圆、万事圆！

芯菱感恩敬上

我相信，芯菱这位了不起的朋友，从现在乃至未来，都会是影响台湾公益平台甚为巨大的一股力量。

而敏敏老师则是国内企业内训的大师级人物，她在服务与销售领域的授课经验极为丰富。有一年，我在公司举办一系列教育训练，得知她有开课，便很开心地到台北当起学生，听她的课。也因为有这次见面机会，我主动向她打招呼问好，开启了美好的友谊缘分。

那一次课后闲聊中，敏敏告诉我，她因为考上台大的商管博士班，未来授课的时间必然减少。当时，我并没有问她为何要重拾书本，当一位正职学生，只对她这股勇气与决心感到敬佩。

过了一年之后的暑假，得知敏敏老师在公司内部又开了一门课。学习心强的我，便又搭着高铁北上，准备与敏敏老师第二次见面。

有了第一次见面的熟识感，再加上脸书上成为朋友的缘故，我与敏敏老师很快就热络起来。这次的见面，除了再一次见证她有料的分享外，也趁中午与她一同吃饭的机会，听她诉说当一位全职学生的心路历程。

"年纪这么大了，回学校让自己被侮辱一下也很好。"这是敏敏老师对于我问她重回校园有什么感想的第一句话。当下,我甚是惊讶,以她学经历之丰富,为何会有这样的感受呢?

"现在的年轻人,好有创新力。与这群年轻又顶尖的台大学生较劲,如果没有拿出真本事,还真的会被比下去。我总不能用倚老卖老的态度做学问吧!"她说。

我好奇追问,到底是谁能让一代内训宗师倍感压力,讲出这番话?敏敏说:"我有一位同班同学极度优秀,举凡待人接物、功课学问都是我推崇的对象。她的名字是沈芯菱。"

当她说出"沈芯菱"这三个字时,我大笑。接着告诉敏敏我昨天还与芯菱通过电话,你今天就聊到她。敏敏得知我也认识芯菱这位朋友后,不断告诉我,她对芯菱真的非常敬佩。"读书一流,人品上乘,公益无私",这是敏敏的评价。

很荣幸,我同时认识这两位杰出的好朋友。我一直认同"善缘好运",也相信"物以类聚"。因为自己喜欢交朋友的性格,才有机缘在生命的旅途中遇见学习的对象。更难能可贵的是,想不到老天真会写剧本,将我们三人的美丽情谊,写在同一时空当中。

芯菱有心,公益用心;敏敏有情,学习热情。该当向她们敬礼啊!

17. 回甘的人生

在某次对饭店业演讲的场合，我对他印象极为深刻。

台下约莫有五十位听众，男女老少都有，唯独他年纪特别大。我心想，依他的外貌与穿着，应该已达退休年龄，怎会与一群年轻人一同学习呢？更让我惊奇的是，他不仅认真听讲，还拿出纸笔，频频记下重点。

演讲会后，我主动找他聊天，才知道他是饭店工程部的员工，名字叫邹健森。顾名思义，工程部的工作项目就是负责饭店内部的水电工程。举凡冷气、水塔等重要大型器具，都是工程部要维修保养的设备。

我冒昧地问健森兄："今年贵庚？""66岁。"他不假思索回答我。会后我邀他到饭店一楼咖啡厅喝咖啡、畅谈人生，更好奇地问，这把年纪不是已经可以退休了，为何还想要工作呢？他的回答让我讶异，也对他的人生感兴趣。

"能够上班真的很快乐。"这是健森的答复。他告诉我一个小秘密，几年前，他所在的工程部上有一位同事，工作到八十几岁才退休，所以六十几真的不算什么。他现在的工作虽然要轮班，但因为非常喜欢职务内容，再加上同事之间相处得宜，让他每天都乐在工作，压根儿不想要退休。根据他的说法，公司其实喜欢雇用年纪较大的员工，因为上了年纪会更珍惜这份工作，对于事情的处理也较有经验，不容易出差错。

年轻时刚走上社会的健森，并不是从事机电相关工作，而是担任报关公司的业务。后来因为就读高雄工专夜间部电机专业，让他兴起想要学以致用的念头，遂开启他往机电工程领域发展的契机。

然而为何现在的他还能保有工作？说穿了，就是他还拥有"一技之长"的缘故。健森回忆，当年报关公司的同事都笑他，没事为何要离开钱多事少的工作，现在看来，他的选择才是对的。如果当时他没有改变的勇气，现在应该早就远离职场了。

因为找到自己的专长，逐渐让老板开始重用他，成为一位小主管。但此时的他，真正的考验才算开始。原来在职场中，需要的不是只会做事而已，"做人"更是重要的一环。健森说，四十岁之前，他血气方刚、不太会做人，一路坎坎坷坷。虽然自己热爱当下的工作，但冷冰冰的人际关系却是一门亟待修补的学科。他举一个实例，告诉我他的感想。

"曾经公司有一位同事，家住高雄六龟，常常都会从家乡带着自家种的水果，比如莲雾、芒果、龙眼等请同事吃。"健森表示，因为这位同事待人亲切和善、笑口常开，又乐于帮助别人，公司同仁几乎都很喜欢他。甚至，即便他已退休多年，在公司内部，都还可以听闻怀念他的声音。

这个现象造成健森很大的震撼，他扪心自问，到底是要当一位独善其身的工作者，还是当一位能与同仁打成一片的仁者？想当然尔，他选择后者。从那之后，他改变心态，不再以自我为中心，问的问题不是"为何是我"而是"为何不是我"。健森笑开怀地说，现在的他，终于享受到人际关系变好所带来的乐趣，这也是他到了耳顺之年还能继续优游职场的关键之一。

"让自己生命的剩余价值发挥到最大。"这是健森在与我谈话最后所分享的人生价值观。现在的他，除了上班以外，也因身为教会合唱团团员，有许多机会到医院为病友唱歌、传福音。他说，会讲笑话与学会唱歌，是自己迈入暮年之际很重要的休闲娱乐。他深知，有健康的身体与平和的心灵，才是最富有的人生。而他也正在享受回甘的人生。

约莫一个小时的聊天，我从健森兄的身上看见三个亮点。首先，他的一技之长让他保有这份工作。这说明专业能力是他赖以维生的根本。其次，友善的人际关系让他能够在公司左右逢源，这是他持续乐在工作的原因。最后，他信仰的宗教力量，带给他无比的欢乐与安宁，这是体悟人生的最大礼物。

一场演讲，为自己带来一个朋友、一段真挚的故事。你说我怎能不爱上演讲呢！

18. 士杰的三位职场贵人

一句"我不快乐",让我想要认识他。

他是士杰,一位三十岁出头的牙医。

因缘际会,认识了一对牙医夫妻,他们是洪永山与吴帛霓。夫妻俩在嘉义市的郊区开设人文新境牙医诊所。院内除了他们两位执业外,也聘请了数字牙医轮流看诊,连同护理师等工作人员在内,就有二十多位员工。

帛霓因为知道我在嘉义上班,有地利之便;又得知我喜欢分享人生,遂请我到诊所演讲,也算是对员工的教育训练。我当然爽快答应。

演讲当天是一个周日早晨。永山与帛霓的人缘很好，在他们的强力号召下，温馨的诊所挤进七十多位听众，不仅高朋满座，也让我趁此机会认识了好多新朋友。而士杰就是其中一位。

演讲结束后，士杰帮忙回复诊所原有的摆设。我在一旁好奇问他，怎会来这里上班？他的答案让我大吃一惊，他说："因为之前的工作不是很快乐，来这边能让我得到快乐。"

碍于能聊的时间有限，我与士杰约好一周后见面，听他分享人生。

见面一开始是一种闲话家常的模式。我问他，为何会从医呢？想不到，他给的答案如同上次一样劲爆，让我差点从椅子上跌了下来……

高中时期，士杰虽然上的是台北的明星高中，但成绩总是落在班上后段，压根儿是考不上医学院的。可是神奇的事情发生了。士杰因为喜欢隔壁班的一位女生，又这位女同学成绩非常优异，以考上医学院为第一志愿。

士杰天真地以为，若自己也能考上医学院，就能与心仪已久的女孩成为大学同学。如此，近水楼台先得月，当然也就有机会与女孩交往。

这位成绩优秀的女孩，经由推荐上了台北医学院，更让士杰知道，他一定要更认真才能考上台北医学院与伊人当同学。果真，爱情的力量很惊人，士杰真的考上了医学院，他联考成绩在班上算是名列前茅的。可惜，他上了中山医科，而非台北医学院。

虽然无法与女孩当同学，但这次考试却是改变士杰一生的转折点。因为他未来的身份是医生。我笑说，这位女孩是他职场的第一位贵人。

取得医师执照后，士杰开启他的白袍生涯，但他的不快乐日子也随之来临。原先以为，只要好好对待病患即可，殊不知，职场上的老板、同事关系才是他的功课。因为看不惯老板的行事作风，再加上与前同事处不好，士杰感受到工作上的不愉悦。

不愉快，那就旅行吧！士杰得知有一个柬埔寨五天四夜的海外义诊行程。心想，既然工作遇到瓶颈，何不出去走走，让自己透透气也是一件好事。而这趟旅行计划，竟是改变士杰后来职业生涯的关键。

士杰在柬埔寨认识了一位牙医助理，名叫雪莉。他发现，雪莉好似有一般上班族不常见的快乐感。经过闲聊深谈后，雪莉告诉他关键原因，她之所以快乐的源头来自老板的经营格局与领导风格。而雪莉的老板就是人文新境的洪医师。

士杰恍然大悟，原来造就他不快乐的原因，可能是无法与周边同事好好相处造成的。雪莉建议他，可以南下嘉义与洪医师聊聊。经与深谙心理学的洪医师长谈后，士杰明白了，除了老板与同事的友谊需要好好修补外，自己也应该更成熟地看待职场的人际关系，也就是要有同理的心态去看待某些事情。

我告诉士杰,雪莉是你职场的第二位贵人。是她的热心协助,让你豁然开朗。

与洪医师认识后,士杰并没有马上转战到嘉义上班。他知道,这个人际关系的功课还是要靠自己过关才行。经过一年多的摸索与磨合,士杰觉得已经成长不少。此时,洪医师的诊所因业务扩充之故,需要增聘医师。士杰也就顺理成章地加入这个大家庭。

来到新的诊所,洪医师非常注重医患关系的维系与牙医技术的提升。士杰感受到自己的确还有许多不足之处需要努力精进。他说,洪医师非常在乎诊所医师群的学习成长,只要对医师技能有帮助的课程,都会鼓励他们参加。这一年多来,他因为洪医师的教导与进修,有了显著的进步。

我接着士杰的话补充,洪医师的出现,就是你职场的第三位贵人。

听完士杰的故事,我深深觉得"职场贵人学"不是一句口号，而是一种行动，需要努力实践；不是一种偶遇，而是一种机遇，需要认真找寻。

关于职场贵人学，我有三个建议：

1.好好尊敬身边的主管，将自己打造成一位懂伦理、知分寸的下属。

2.愿意多用心协助同事，让自己在同侪间，成为一位受欢迎的人。

3.培养慈悲心与同理心，展现乐观与热情的态度，贵人自然降临。

这是我从士杰的经历中看到的三位贵人。我想，只要每个人常保积极行动力，并把握以上三个关键，必定也能和世杰一样，和自己的贵人相遇！

19. 教练也需要教练

众所皆知，一场精彩万分的职业棒球比赛，除了欣赏球员在场上的表现外，场外教练的斗智与调度更是输赢关键。再厉害的投手或打击者，也都是要听从教练的指示与授权，才能打出一场绝妙好球。正所谓外行看热闹，内行看门道，教练这份工作的职责，可说既是心灵导师，能做到安抚人心、激励士气的功效；也是魔术师，要能成功改造球员，具有化腐朽为神奇的能耐。

因此，我将职场比作球场，业务就是球员，主管就是教练，绩效就是胜负。一位杰出的球员需要教练指导，方能精益求精，更上一层楼。而一位好教练也需要多方学习、增长见闻，才能知己知彼，百战百胜。

我比昈舜早进远东商银一年。维立是昈舜前任公司的老同事，后因对远银的了解与昈舜在公司好表现的激励下，也在某年秋天和我们一起成为同事。他们两位住台中，我住台南，除了开会有机会见面外，多数时间都是通过电话互通有无。我因为比他们更早担任分行经理职务，也更早进入远银服务，加上彼此惺惺相惜，当他们有任何问题与想法，均愿意与我交流分享。他们告诉我，纵使已经成为教练，教练还是需要教练的切磋与指导，而我算是他们心目中的好教练。

他们提出几项观察：第一，他们认为从我身上能够看见浓厚的宽容同理心。在业绩挂帅的金融业，分行经理业绩压力颇大，考核部属几乎都是只看结果不看过程。而我深谙员工心理学，以鼓励代替惩罚，以激励取代责骂；这是他们觉得可以学习的。

第二，他们觉得我允文允武，除了拼业绩做业务外，还能行有余力，愿意发心到校园演讲，分享实用的观念与想法给同学。这是他们认为担任经理人较少见的。除了想要和我学习时间管理外，也希望从中了解我的职场价值观。

谢谢他们对我的称赞。他们的赞赏让我想起这句话："同业可以为师，异业可以结盟。"而我也相信，这是一种"成功者追随成功者"的人生态度。

那一天，在台中拜访完客户之后，我约了晧舜与维立共进午餐，他们都很开心能一起坐下来吃个饭。当然，我们最珍惜的是，每个人都愿意敞开心胸、毫无保留分享自己的职场经验，不管是惨痛教训，还是美好案例，都是让自己快速成长的养分。关于这样的聚会，我定调为，这是一场高水平的教练会议。

晧舜受我影响较大，当他刚从业务主管转任分行经理时，常征询我分行营运的做法与意见。他领悟力很高，行动力特强，分行在他的努力不懈经营下，招牌响亮且得奖无数。而他也成为公司的风云人物。威风八面、沉稳内敛，是我对他的评价。

维立是我后来才认识的同事，因为他与昕舜熟，在一种爱屋及乌的心态下，与他的交流日趋密切，也逐渐发现他的好表现。维立思绪清晰，极有逻辑。分行在他接手之后，脱胎换骨，焕然一新，绩效大幅跃进。

简言之，两位都是明星经理人。

因为谦卑，所以受人欢迎；因为热情，所以驱动世界。三人你来我往，聊着未来日子想要达到的里程碑。

昕舜说，当上分行经理这个职务，就是他的人生梦想，此生无憾矣。他补充道，因为过往的工作颠沛流离，造就他务实的性格，他立下心愿，要成为一位杰出经理人，终生以此为职志，好好地过简单幸福的小日子。而我的生活写照，正是他所向往的。

维立很有企图心。他说，希望有一天能挥军北上，到总行担任部室主管，成为一方之霸。之后，也期待能提早退休，转战到学校教书，将毕生所学传授莘莘学子，成为一代宗师。两人的职志清楚，筑梦踏实，让我钦佩。

他们聊完后，也都想听听我的看法。我说："**每日一小事，人生一大事**。**只有让自己活在日常，才能珍惜平常，更懂人生无常**。"我再说，其实我们比别人还要幸运，很多职场工作者或许比我们努力，都不见得能坐到这个位置，这是老天对我们的厚爱啊！

一场饭局，既诉说工作乐趣，也分享职场点滴。很庆幸的是，我们三人都正走在梦想这条路上，互相激励，写下美丽的回忆。

20. 一位年轻人的理财观

缘起

想不到,七年前在大学演讲的一堂理财课,是为了要帮助一位年轻人建立正确的理财知识。这位年轻人是在他大二的时候认识我的,现在他已经走上社会工作三年多了。我们加脸书成为朋友是在六年前。那时,仅是彼此点赞的朋友。一直到前年底,他突然发了一个信息给我,开启这段为时数个月的对话。

开始

年轻人:"家德老师晚安。知道你最近很忙,所以劳烦你一些问题,有空再回我就好!目前我工作还算稳定,今年过完就第三年了,薪水扣完劳健保剩三万,我每个月存一万,还学贷两千五,房租三千五,手机费大概一千五至一千七不等,剩下是生活开销,保险费一年三万二。所以,想请问有哪些理财方式我能考虑呢?觉得钱存得很慢……"

吴家德:"买基金,做定时定额,一个月五千元。这对你而言是最好的储蓄与提高报酬率的产品。"

年轻人:"所以应该从原本的一万储蓄,拆成基金和活存吗?"

吴家德:"可以。基金是强迫储蓄与提高收益率的产品,活存是让自己有周转金的工具。"

年轻人:"买基金的话,能请家德老师推荐或建议吗？就是我该找谁买？买的时候该注意什么？"

吴家德："建议你先上网查基金定时定额的资料，有不懂问我，这样进步更快。"

年轻人："好的！"

三天后

年轻人："定时定额似乎蛮符合我目前所需，也不用时时关注价格变动，那么投资目标是我决定后，再去向银行申办，还是去银行申请时会有专人提供我建议的投资目标？"

吴家德："银行都有精选的目标。我的建议是，可以在全球市场择一档未来经济体较佳的扣款。"

年轻人："我的金额目前只有五千，投入在单一档就可以了吗？"

吴家德："对，一次五千一档可以。"

年轻人："我平常应该去阅读哪些信息或怎样的文章？来了解我目前买的基金，还是就完全不管呢？"

吴家德："当然要管，银行会有对账单。而网络都查得到信息，也就是每日的净值。"

年轻人："我买的定时定额，就是每个月支付一笔钱去买一档长期投资的股票？那什么是基金呢？"

吴家德："基金就是一篮子的股票。你买一只基金，就是买这只基金的投资目标，标的包括很多家有名的公司。比如科技基金就会买脸书、苹果、微软等公司的股票。"

年轻人："那和我自己去买股票有什么不同？"

吴家德："专家操作是最大的不同。"

年轻人："目前我的目的是希望有第一桶金，每个月五千，规划五年会不会太少？"

吴家德："不会，定时定额贵在持久。若能坚持，一定会有成果。定时定额是强调停利不停损的商品，千万别因亏损而赎回。"

年轻人："最后一个问题是，我想买个人比较信赖、放心的基金。请问家德老师有推荐或是能够介绍的吗？"

吴家德："先说扣款银行，我建议找你的发薪银行为佳，这样就能在发薪时扣款，较不易花掉。至于买哪一档，我建议你先做功课，可以上网查询定时定额的一些信息。若有不懂，随时问我。"

一周后

年轻人："刚刚上网查了一下，我新转的网络银行能买定时定额耶。我已经开好信托户了，可以直接下单吗？"

吴家德："可以。因为目前投资市场变化多端，故寻找投资市场为较低点、景气面较佳的市场为宜。目前以OO、XX市场较佳。单一产业较建议AA与BB。"

年轻人:"基金公司的选择,该如何考虑呢?"

吴家德:"选大不选小,这样流动性较佳。"

年轻人:"投资目标是买债券基金吗?"

吴家德:"不是,是股票型基金。"

年轻人:"不建议债券基金的原因是?"

吴家德:"做定时定额目的是要增加报酬,比较适合股票型这种波动度大的商品。债券型波动度较低,不适合做定时定额。"

年轻人:"配息、不配息和除权又是什么意思呢?"

吴家德:"配息就是基金把赚到的钱先行每月配给投资人,抑或可能没有赚钱,但也是拿一部分的本金配给投资人(可能造成净值下降)。不配息就是将资本利得或利息滚入净值,有复利的概念。除权就是把每年的股息或股利配给投资人。"

年轻人:"基金计价币别会有不同,那我今天若是扣五千台币,要事先转成美金吗?"

吴家德:"基金投资可分为台币信托与外币信托。用台币买就是台币信托,用外币买就是外币信托。因为海外基金都是美金计价居多,所以你的台币会先换成美金投资。若你买的是国内投信发行的基金,就会用台币计价,也就没有汇率的风险。"

年轻人:"成长型和收益型基金有何不同呢?"

吴家德:"成长型偏重资本利得,也就是以赚价差为主。收益型强调平衡,也就是股债并重,较保守些。"

两周后

年轻人:"家德老师晚安。如同上周日晚上一样,正在钻研基金丛书。请问基金经理人也是需要考虑的一环吗?感觉要懂的还好多哦。"

吴家德："基金经理人的确很重要，但却是我们无法判断的。因为过去的绩效，不代表未来的绩效。况且经理人也是会变动的。我的建议是，不去考虑这个指标。"

年轻人："目前看来，我的步骤是会先挑基金公司，再选目标好，还是先选投资目标再来挑基金公司呢？"

吴家德："基金公司若是够大，他旗下的基金都是够多的。我的建议是后者为主。"

年轻人："有些基金涨幅走势一年报酬几乎都是负的，怎么还会在卖？比如黄金、原料类股这种。"

吴家德："过去大好，以前涨很多。所以现在就会有很多投资人套牢啊。"

年轻人："投资目标有好多选择哦。以我目前的资金分配来看（一个月五千定时定额）是买一档五千，还是买二档三千好呢？"

吴家德："我建议买一档即可。"

年轻人:"看了一些书和您的耐心解说后,总算对基金有了基础的概念。"

吴家德:"我一直不想马上告诉你答案,就是希望你能从中得到学习的乐趣,借由看书找出不清楚的再来问我,你就会更豁然开朗。既然已经懂了,那就下手吧!"

年轻人:"感谢指导!"

吴家德:"恭喜。"

一个月后

年轻人:"家德老师,请问我买的基金明细中,单位数指的是什么意思?"

吴家德:"举个例子,苹果一个二十元,你有一百元,共可买五个苹果。这五就是单位数;苹果价格就是净值。"

四个月后

年轻人:"报告老师,我的基金已经投资四个月了。现在收益不错哦。"

吴家德:"那就请我吃饭吧。"

年轻人:"这有什么问题,能和你吃饭,意义非凡啊!"

后记

年轻人告诉我,在这开始投资的四个月当中,他深刻体会到,理财必须去实践。若只是听听、看看,是很难得到任何收获的!我对他分享我的好友理财作家艾尔文说过的一句话:**"不是每次花钱都能买到想要的东西,可是每次存钱都能撑起想要的梦想。"** 祝福这位年轻人,存钱快乐。

21. 想认识谁，就去认识谁

在一次演讲中，我提及与作家凌性杰老师的认识过程。

约莫十年前，我在书店买了一本凌性杰老师的诗集《海誓》。也因为这本好书，让我知道国内文坛有一位年纪与我相当的杰出作家。在那个还没有脸书只有博客的年代，因为喜欢性杰的文字，遂将性杰的博客加为最爱。只要有时间，都会上去浏览性杰的文章，有时也会在他的博客上面留言。

经过两年的追踪，因为太喜欢性杰温暖的写作风格，我思忖能不能有机会认识他，希望能从单纯的粉丝身份，转变为真实生活的朋友关系。

性杰在台北的一所中学任教，我上网查询学校的电话后，鼓起勇气就将电话拨了出去。经由总机将电话转接到国文科办公室后，我告知接电话的一位女老师："我找凌性杰老师，谢谢。"只听见这位女老师用极为洪亮的声音叫着性杰的名字，

不到三秒，性杰便在电话那头现声。

因为当了两年的铁粉，也因为与性杰在博客有过互动的善缘，性杰知道是我打来的，也非常的惊讶与开心！

我告诉性杰，只要有回家乡或到南部演讲的时候，都可以提早告诉我，我非常乐意到车站接他。恰巧，性杰告知下个月有一场台南家齐女中的演讲，我便自动请缨服务。有着两年网络上的互动，性杰算是相信我的为人，只是觉得不好意思而已。而那一次会面，也就成为我们美好友谊的滥觞。至此，随着岁月增长，我们的友谊逐渐加

温，越来越浓。

台下学员露出不解的表情问我："老师，这样就能认识一个人，有这么容易吗？"我笑着回说："是啊，不然咧？"我继续告诉大家，两个关于我想认识谁就去认识谁的故事。

第一个是资深媒体人蔡诗萍的例子。

在我担任银行分行经理的第一年，我想要借由举办人文讲座，提高客户的忠诚度。首先想到的优先人选就是蔡诗萍大哥。当时，诗萍大哥不论在电视圈或广播界都有一定的知名度与好口碑。可是，我只是他的粉丝，他并不认识我，也没有他的联络电话。

那是一个还没有脸书的时代，无从发私信给他。我想到的方法是上网查询诗萍大哥的演讲信息，皇天不负苦心人，我终于找到了一场他刚结束的演讲信息。于是便立刻打电话给主办单位，表明自己的身份，提及想找诗萍大哥来演讲的目的，恳请主办单位告知电话。经由窗口与诗萍大哥确认后,我也就顺利取得他的手机号码。

你以为要到手机号码就能成为好朋友吗?错!至少要见到面。你以为见到面之后就算是好朋友了吗?错!还需要认真耕耘彼此的关系才行。在认真耕耘关系上,我做了两件事情,建立更深厚的情谊。

其一,当诗萍大哥来台南演讲时,我介绍府城一哥王浩一老师给他认识。浩一老师是一位文史与美食的双料作家。我搭起友谊的桥梁,让他们两位大咖能在餐桌上认识,聊人生,谈佳肴,也让三人闲聊的话题能够延伸到生活的每一个角落。

其二,诗萍大哥在南部的活动,举凡演讲、主持,若时间允许,我能参加一定参加。如此当能带给诗萍大哥良好的印象。

第二个案例是江巧文小姐,她在我心中就是一位美好生活家的典范。

知道巧文这位朋友是因为她的博客。多年前从网络搜寻数据时，不经意地进入她的博客中。发现巧文不仅会写生活小品，也非常多才多艺。举凡钢琴、书法、摄影、旅行等民生议题，都是她常常分享的内容。因为发现这位奇人太有趣了，也就开始追踪她的动态。有一回趁着到台北出差之便，便发了个短信给她，邀约她出来喝杯咖啡。

想不到，巧文非常好客，直接约我到她家喝杯茶、聊聊天。既然她都盛情邀约了，我当然没有理由拒绝。就这样，一趟北上之旅，我又多认识一位新朋友。也因为彼此认识越来越深，巧文启发了我的写作因子。

多年前，巧文发起"光阴地图"的写作运动，她要大家每天用博客写日记。

刚开始很多人参加，到最后能坚持一整年不间断的就剩不到几位，而我是硕果仅存的一位。现在回想起来，还真是认识她的缘故，才让我顺利迈向作家之路。能结交这样的朋友，真是人生旅途的大幸啊！

从凌性杰到蔡诗萍，再到江巧文，我都是用心经营与每一位朋友的关系。而能想认识谁就认识谁的关键，我归纳出三点原因：

1.**交友首重诚恳**：真心诚意又没有任何企图，是最容易交到朋友的要素。

2.**交往宜重乐趣**：认识朋友应该是没有压力的，一起吃饭，一起聊天，都能带来快乐。

3.**交流注重互惠**：你是谁，是什么样的人，也会决定对方愿不愿意继续与你深交。让自己成为一位拥有深度内涵，以及乐于助人的朋友，是绝对有必要的。

祝福大家，想要认识谁，就能认识成功！

22. 我从脸书学到的人脉哲学

2010年7月4日，我开始学习使用脸书。

使用当天，我写下这段文字："我有一张平凡的脸，也爱读书。所以，我开始研究脸书。好朋友们，请多指教。"从此开启我与脸书的缘分。时至今日，脸书变成我最方便的人脉圈，也是建立或延伸人际关系最有效的工具。

真实的世界，朋友彼此认识，加为脸书朋友很平常。虚拟的世界，经由脸书的牵线，加为脸书朋友较复杂，因为成为朋友的要件，必须一个愿打，一个愿挨，方能成就一桩良缘。当然使用追踪功能,默默地欣赏对方也是表达关心的方式。

经过这些年来,我想分享我从脸书学到的人脉哲学。

1.向杰出人士学习

脸书无国界,只要是名人或杰出人士几乎都有脸书账号。有些人只有个人账号,有些除了个人账号外,也都有粉丝专页可以追踪信息。我曾经在书上写了一篇《脸书遇见陈嫦芬》的文章,叙述经由脸书认识银行家嫦芬老师的过程。

当时我写了这段文字:"只要嫦芬老师有任何的文章分享,我都能清楚知道,并认真详细地阅读老师的文章与生活心得。一段时日下来,慢慢也深刻地让我知晓老师的处事风格与观察事情的角度。这是我在网络世界里,当还没有办法亲自遇见老师时,却仿佛已经拜她为师,有机会贴近她,学习成长的契机。"

要拜师学艺,就上脸书;要加强武功,就点个赞;要名师指点,就请留言。

2.写日记交好朋友

透过文字,温暖别人;经由故事,打动人心。多年来,因为天天发文的缘故,让我能够与认识或不认识的朋友在脸书上互动。更因为有深度的往来,让我与脸友能够有机会约时间见面,成为更密切的好友。大概算下来,我从脸书上由不认识到真正见到面的脸友,应该已经超过一百人了。这是一个庞大的人脉"存折"。

另外一个用脸书写日记的好处是,许多原本不认识你的脸友几乎都可以知道你是一位什么类型的人。对于往后要约见面聊天、请教职场大小事,也能产生良善的印象而有更进一步的往来。

天天记得写日记,精彩回忆不忘记;认真生活过四季,好友真心不算计。

3.延伸友谊的"管道"

诸如演讲、上课、社交等活动场合,我们都有机会认识一些新朋友。在闲聊当中,如果彼此聊得来,也有共同话题或兴趣,我都会想与对方交换名片。若没有名片,我就会请问对方是否有在使用脸书,十之八九,有脸书的概率很高,当下就能成为朋友。

请千万别小看这个交换名片或成为脸书朋友的威力。试想,当你与这位只有一面之缘的朋友,在那次邂逅之后,突然有什么事情想请教他,名片或脸书这两条线索就是拉近彼此距离的关键。尤其又以脸书更为精准。因为你可以浏览新朋友的一些信息,有助于判断与你的价值观是否相符。俗话说:"一回生,二回熟。"脸书绝对是很棒的推手。

脸书似名片,真假看得见;友谊开始初,记得加脸书。

4.找到助人的机会

滑滑手机，看看脸友的脸书动态，是多数现代人打发时间的方法。朋友若是分享快乐喜悦的事，按个赞是一种喝彩；朋友若是传递悲伤不幸的事，留言打气更是重要。细数这些年来，经由脸书的信息，我找到许多可以帮助朋友的机会，这是在没有脸书时代所做不到的。

在脸书上看到悲伤难过的动态，若是我熟识的朋友，几乎都会打电话给他，询问可以帮得上忙的地方。若是较不熟的脸友，我会私下发信息，传达鼓励安慰之意，并从中找到有可能付出的机会。我喜欢告诉对方，助人为快乐之本，施比受更有福，让我们一起来面对难关吧！

你的人生那样过，我的人生这样过。若要人生好样过，乐观助人别错过。

5.举办活动的平台

我第一次举办的读书会,因为有脸书帮忙号召而成功。甚至将近百场的演讲,也是因为脸书的分享而能让更多朋友参与。我发起几场帮助弱势群体的劝募活动,更是有脸书的正向传播让结果圆满顺利。也因此,我认为脸书除了是人脉耕耘的园地外,更是举办活动的最佳平台。

除了自己举办活动较好邀约朋友外,也能看见朋友在脸书上发出优质的活动信息,这都让自己有学习成长的机会。尤其,当你脸书上的朋友都是热爱学习的人,你会发现自己的不足,也会警惕自己要更加精进才行。

你有活动我参加,我有活动你参与;成长路上你我他,一起学习不会差。

以上五点,是我从脸书学到的人脉哲学。你呢?也来告诉我你的发现吧!

23. 三句箴言

我在脸书写下简洁的三句话，获得极大回响：

能外向就不要内向；

能分享就不要独享；

能开心就不要伤心。

之所以写下这三句话，源于一位即将研究生毕业的学生问我："老师，回首来时路，您有什么建议给年轻人？"只记得当时我讲了很多，并没有系统地说，也没有做总结，等到晚上回家，我仔细想着这个大哉问，才言简意赅地用三句话归纳这个回答。

真的！短短二十四个字，道尽我四十多年的人生体悟。我想用一些想法来解释这三句话。除了批注自己的人生观，也带给年轻人一些启发。

能外向就不要内向

大学毕业之前，我极度内向；往后的人生，我逐渐外向；现在的我，极端外向。是什么原因让自己改变如此之大？有两个因素：一是当了业务；二是当了临终关怀病房的志愿者。这两件事情，改变了我的一生，让我更喜欢现在的自己。

做业务，内向是没饭吃的。业务需要口语表达，需要有勇气上台，更需要让人看起来落落大方，不会畏畏缩缩，才做得好这份工作。以前学校的我，被老师评为内向、沉默寡言、不擅与人相处。那时，我也不觉得有什么不好，只是希望自己的人际关系不要太差就好。后来，从事银行的业务工作，因为每天都要拜访客户，联系客户，设法与客户增进感情，我发现只有外向才能将工作做得好。

我开始豁出去，从发DM（商品广告）开始。我发DM的八字箴言是"遇人则发，见箱即插"，哪怕被狗追、被路人白眼，也要将每天的量发完才愿意休息。那段时期，我练习说话的艺术，博览业务丛书，并找朋友通过角色扮演的方式练习，加强自己的胆量。过了两三年时间，我不仅喜欢在台下问问题，也充分享受上台演说的乐趣。我发现，能将自己的想法表达给众人，是一件多么令人感到兴奋的事。

走入临终关怀病房，则是第二个关键。当年的我28岁，知道人生最重要的一件事，就是生命多长不是我们可以掌握的。临终关怀病房住的不是老人，而是濒临死亡的人。我非常清楚，能够为生命所做的，是好好过每一天，不仅要精彩绝伦，还要绮丽美好，而外向就是最好的"润滑剂"。

我总相信，因为外向，能够多接触未知的世界，多认识不一样的人，多听到新奇美妙的信息；外向是勇气与自信的展现，也是活出快乐自己的最佳途径。

能分享就不要独享

歌手伍思凯曾经唱红一首歌《分享》，里面的歌词说着："与你分享的快乐胜过独自拥有……"是啊，能分享胜过独享。分享是快乐幸福的开始，我总是这么认为。分享不代表失去，反而是得到更多；分享不是不珍惜，而是一种爱相惜。

陈树菊阿嬷分享赚来的卖菜钱，登上《时代》杂志的百大风云人物；叶丙成教授分享教育的新思维，勇夺全球第一届教学创新大奖的总冠军；我总是喜欢分享美好的事物与人生，得到周遭亲朋好友的嘉许与肯定，这些都是因为分享所带来的好处。

分享就是不吝啬，是格局也是胸襟。分享更是慈悲的表现，犹如送人鲜花，自己也会沾到花香那般的幸福洋溢。少而愿意分享胜过多才愿意施舍。分享从不是数量与资源的命题，而是意愿与智慧的显现。

能开心就不要伤心

《圣经》中说："喜乐的心，乃是良药；忧伤的灵，使骨枯干。"一个人若能每天保持好心情，胜过吃很多的药物。若是每天愁眉苦脸，很快就会生病，造成身体的不适。这年头大家压力都很大，担心这，也烦忧那；没钱不快乐，有钱也忧虑，每天生活胆战心惊，心情起伏不定。

我认为，要维持好心情真的不难。第一，把角色定义好，将生活的优先级做好排列，每天只要能完成最重要的三件事，就是美好的人生。第二，降低物欲，"粗茶淡饭随缘过，万般自在不用愁。"钱是拿来让自己更快乐的，不是用钱来惩罚自己的。赚多，花多；赚少，花少，一切都在自己的掌控中。第三，帮助别人，通过帮助别人，找到自己存在的价值,你会因为别人回你的一抹微笑而变得更快乐。

三句箴言,道尽自己的人生体验。你的箴言是什么?说来听听!

24. 沟通是一门教养的功课

演讲结束,一群同学围着我不断问问题,我除了相信这场演讲算是成功的以外,也确信"人际沟通"这堂课,不仅职场上班族需要了解,尤其还在学的同学们都必须及早学习。找我演讲的是"TED×Tainan"的策展人温顺强同学。我们因为有共同的朋友而认识。那天,我的朋友约我喝杯咖啡,并邀请我顺道与一位新朋友顺强见面。而那一面之缘,竟是促成这场演讲的主因。

经过数月后的某一天,顺强突然传一条私信给我,问我有没有时间与他见面,他想请我帮忙,给

"TED×Tainan"的志愿者们上一堂"组织沟通力"的课。

我们依约相见。还在成功大学念工业设计系的顺强，非常有礼貌地将"TED×Tainan"预定要举办的志愿者训练课程企划书拿了一份给我。"在这次工作坊的课程设计中，我觉得'沟通'是训练的主轴。因为这是一群新的志愿者，需要在短时间融合与交流，才能将"TED×Tainan"的年会办好"，顺强如此告诉我。

顺强继续补充，他做了策展人半年多，最感到力不从心的是，有时候没办法有效地与每一位干部沟通。因为组织内的人群有不同性格特质，大家想法与意见可能分歧，若无法有效沟通，会让组织运作失衡，产生不必要的纷争。

我确认演讲的时间许可，便义无反顾地接受了这个邀约。

为了准备这场演讲，我煞费苦心，除了博览许多关于沟通的书籍外，也试着回想自己职业生涯工作二十载，曾经发生哪些因为沟通不良的案例，可供同学借鉴与参考。

当然，对于如何讲好一场演讲，我有一套清楚的逻辑，那就是将演讲内容模块化。经过不断编修，我提出一二三法则，那就是**一个特质（热情）；两个观念（任务、愿景）；三个原则（共识、效率、分享）**，希望他们运用这些概念，提升组织的沟通力。

关于"热情"的特质，我的解释是："热情是一种态度，它包含对人的慈悲、对事的圆满、对梦想的追求及对现况的满足。"我告诉这群志愿者，我的人生，热情是血液，贯穿全身。有了热情，就可以散发正向能量，对于达成与人良好的沟通非常有帮助。

而"任务"与"愿景"两个观念，则是在成员之间搭起桥梁的利器。在组织当中，每人各司其职，都有自己的角色需要执行，难免会遇到想法与做法不同的窘境。因为彼此不是竞争对手，而是荣辱与共的伙伴，任务虽不同，愿景却一致，这是一种殊途同归的合作关系。

我进一步告诉他们，沟通不若谈判，也不是零和游戏。不需要哪一边赢，或哪一方输，达成双赢的局面才是上策。

在组织需要沟通才能圆满的前提下，我说明"共识、效率与分享"这三个原则。我说，大家一起无偿参与组织正常运作，目的无非是学习做人与做事的能力。基本上，组织成员的目标与理念应该是相同的，这是一种有共识的沟通。

沟通需要实时，更忌讳隐瞒。因为大家不需要争功诿过，也没有利益冲突的纠纷，把心里的话诚实说出来是必要的。因为举办年会有其时效性，每个环节都要无缝接轨，才能让事情有条不紊地进行下去。有效率的沟通是不可或缺的。

我进一步表示，组织运行难免出现挫折与困顿。伙伴们应该聚集在一起集思广益，共商对策。在无障碍的交流下，达成解决问题的目的。这是一种乐于分享的沟通机制。

我举一个例子，告诉他们，因为沟通不慎带来的伤害有多大。

因为到医院当过志愿者的缘故，每次看见护理人员要为病患打针或注射药物时，总会发现她们认真谨慎地将药品名称大声念出，再经由复诵，确认无误才会实施注射。当时我不解，药品不是写得很清楚了吗？她们告诉我，百密难免一疏，通过彼此的提醒，才不会出错。若是看错药袋上的名称，草率打下去，是会出人命的。所以，沟通也是一样，确认大家的想法无误，再去执行业务，总是较为顺畅。

一场"TED×Tainan"的志愿者培训演讲，让我对人际沟通有了更进一步的见解。

歌德曾说："对别人述说自己，这是一种天性；因此，认真对待别人向你述说他自己的事，这是一种教养。"是啊，每个人若能把"沟通"当成"教养"看待，这个世界的纷争一定能够减少很多。

第三章

态度,最核心的通关密码

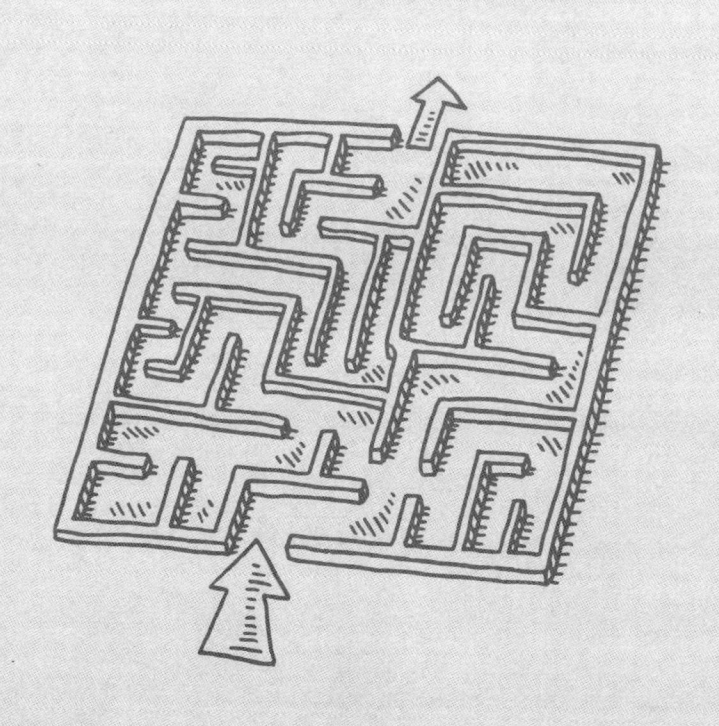

25. 你怕被轰下台吗?

多年不见的老同事小禹到公司找我。小禹负责基金公司的渠道业务,正巧我们有配合一支新基金的募集,他特别到分行拜访我,希望未来能合作愉快。

小禹以前是我前东家的理财专员。当时,我负责全省的理财业务,也算是他的间接主管。虽然他在台中上班,我在台南,我们仍然会通过会议与电话保持联系。我对这位年轻人的第一印象就是憨厚亲切、喜欢微笑。众所皆知,作为一名业务人员,具有这两个特点是很容易让客户接受并喜欢的。

约莫共事一年，小禹就离开银行理财专员的工作，转战到基金公司任职。而他离职的原因，一直到某天会面，我才真正知情，也深觉有故事性。

进基金公司上班，一直都是小禹的梦想。除了自身是财经科系毕业外，他也喜欢研究金融市场走势，分析总体经济，当一位称职的理财咨询顾问。

刚踏上社会，小禹因为有表哥介绍工作，旋即到某上市公司担任总务人员。在那三年职场历练中，小禹的好个性与勤劳特质，让他与同事之间相处愉快。但他依然没有忘记进基金公司上班的梦想。

小禹知道，要进基金公司任职，需要具备金融相关领域的工作经验。也因此，他就先行到银行担任理财专员的工作，一方面培养本质学能，另一方面借由银行工作的机会，认识基金公司的渠道人员，更能够清楚知道业界生态。

一年多的理财业务洗礼，坦白说还是太嫩。但机会来了,小禹依然勇敢地把握住。某日,小禹经由朋友告知,发现国内有一家基金公司正要大举招兵买马,准备录取四位北中南的渠道业务人员。在金融海啸尚未爆发的年代,基金与连动式债券的销售方兴未艾,锐不可当,几乎成为国人的全民运动。想当然,基金公司缺人就是一种常态。

经由投递简历,第一次有机会到基金公司面试,小禹就遇到震撼教育。

这次面试既简单又很困难。简单的是,公司交付一个财经议题,请面试者做一份报告,并在公司将近十位主管的面前报告二十分钟。题目已经先行曝光,简单吧!困难的是,包括PPT制作、内容的论述、口语的表达、台风的稳健等皆是评分项目。对于很少上台,也未曾准备这类资料的小禹而言,的确艰难。

面试前一周,小禹虽然对议题生涩,但还是努力准备,每天几乎不断地啃资料、练咬字、展台风,无非就是希望能给评审一个好印象。

这天终于来临，小禹带着充分的准备上台，结果竟是……讲了不到五分钟，就被台下的副董事长轰下台！他直接告诉小禹，可以不用再讲了，结束这场面谈。小禹这才领略到大公司老板的无情……

当小禹和我聊到这一幕时，脸上黯然神伤的表情，我依稀可见。

结束这场面试的噩梦走下台，小禹像是战败的勇士，几乎抬不起头来。步出大门正准备回家之际，公司的人资主管尾随他也走了出去并请小禹留步。人资主管安慰小禹："别介意，每位上台的菜鸟几乎都是被副董轰下台的。若真的很想来公司上班，可以再准备一次，参加第二次面试。"

什么！难不成还要遭受第二次羞辱？被副董赶下台的画面依然停留在小禹的脑海挥之不去。小禹原本想要告诉人资主管他不愿意，但就是一股不服输的劲儿和想要进基金公司的梦想驱动，他还是答应一个星期后卷土重来，准备二次上台。公司并没有放过这批战败的选手，原先的面试题目再度更改。也就是说，小禹需要打掉重练，一切重来。

他认真思考自己战败的原因，可能是PPT制作不精美，内容文字没有深入浅出，抑或报告逻辑没有抓住听众胃口等都是主因。当他思忖要如何改善这些缺点时，脑海中突然浮现一位以前同事的身影。这位同事也是投资理财的好学者，在两年前，更是凭着梦想与努力进了基金公司。"为何不去找他请教呢？"小禹心中盘算着。

很快地，小禹就联系上这位前同事，并告诉他即将接受面试挑战的事。或许是小禹之前为人诚恳，待人和善，这位前同事几乎将他十八般武艺传授给小禹。在那一星期的准备中，小禹可说是进步神速，信心恢复不少。

抱着依旧忐忑的心再度上台。小禹做出一个创举，就是将PPT报告内容用"漫画"格式播出。因为受过更严谨的训练，辅以上次出错的修正。这回的演出，让副董大为惊艳，不仅没有轰他下台，还在台下拍案叫好。这一次的完美表现，让小禹拿到四张门票中的最后一张，也正式开启了小禹的梦想人生。

这一晃,将近十年。小禹从一位基金业的门外汉,转身变成业界的资深主管。虽然在老东家待了五年后,因为被同业挖角还是离开了。但小禹却始终热爱这份工作,继续做着理财咨询业务。

我问小禹,转战基金公司这十年来的职场体验,影响你最深的一件事是什么?小禹笑着回答我,还是那个被轰下台的画面,影响他至为关键。他说,**被轰下台不可惜,失去再度上台的勇气才可悲**。

于是乎,我们聊天到最后得出一个共同的结论。那就是:"**上台身段要优雅,下台背影要漂亮,但永远保有随时粉墨登场的准备。**"

年轻人,你怕被轰下台吗?小禹的故事再度说明,成功需要**有梦想愿景、有贵人扶持**,最重要的是能够靠自己把握机会,这个例子非常值得借鉴。

26. 你能拥有服务热忱吗？

主管惊讶地说："哦！这是谁折的天鹅呀？不错哦，下次再折两只放房间里！"志恩原本只是单纯想要拿毛巾自我学习，没想到他认真地练习，却意外被主管发现，于是激起想筹划婚礼房布置的念头。

志恩是一位刚进饭店上班的年轻人，也是我近年来认识的新朋友。他投入工作的程度，让我钦佩。当志恩完成一次又一次的温馨安排，也都赢得客人极度认可与赞赏。

我们之所以认识，缘于他是我的读者。有天他发了一则信息给我："家德经理您好：我是志恩，偶然在书店发现您的新书，翻了两三页，就毫不犹豫地买下了！在周末夜晚，细心咀嚼您的文字，感受您的热情信念，希望能在台北新书分享会与您碰面。"

一周后，当我举办台北新书发表会时，志恩如期出现与我见面。那时，因为人多，我们没有深度交谈，只合拍一张照片，握着他热情的手也就说再见了。

过了几天，他又发了一则信息给我。"家德经理，想请问一下，下周三中午有没有空？刚好我要提前回嘉义过年，如果有时间的话也许可以碰个面。"我回复，有空有空，一起吃个饭吧。

我喜欢志恩的主动积极。就是这般的善缘好运，志恩和他妹妹采蓉，就和我一起共度愉快的午餐时光。有别于八年级生的浮躁与生涩，他们的表现彬彬有礼，落落大方，彼此相谈甚欢，印象颇佳。

而在那一次聚餐中，我也才真正了解志恩是一位什么样的年轻人。

志恩说，服务对他而言，就是"为人着想，带给大家幸福与快乐"。

从小，志恩学业成绩一直不错，但为了看棒球和旅游这两件事，让他妈妈常开玩笑说："如果把这些时间拿去念书，早就上建中、台大了！"

大学时期念东吴企管的志恩，除了学业与社团之外，课余时间喜欢到处旅行，为了认识台北这座城市，几乎用双脚走遍每一寸土地。在旅行途中，志恩喜欢帮助旅客，不管在旅游服务中心、火车站、捷运站，还是公车站、马路上，只要看到需要协助的旅客，他都会主动提供旅游信息，因此他以"行动旅游站"自居，有时间的话更会亲自带这群有缘人走走，因而在大陆几乎各省都有他的朋友，还包括日本、新加坡、马来西亚等。

念大三时，志恩修了一门"餐旅管理"的课，是奠定他日后想从事观光休闲产业的一大主因。他说，课堂老师曾到瑞士及日本求学，并拥有日航及饭店高阶主管的经历，信手拈来都是一段生动美好的故事，也是最好的上课教材。老师强调体验实做，才能感受在餐旅活动中与人互动的快乐。

受到这门课的启发，志恩陆续搜集饭店相关资料，并借由当兵的空当，几乎跑遍台北各大五星饭店面试及试做，让他对实际工作多了一份了解，也报名相关的训练课程，提升在饭店业的本职学能。

退伍后，志恩很快就找到一家五星级饭店的房务工作。

从饭店最基层的房务做起，起初真的觉得很辛苦，常常加班到很晚，心中也出现不少杂音。但热爱这份工作的本质并没有击垮他，经过一段时日，慢慢调整心态。他说，与其抱怨工作，不如自己拿下主导权，于是他开始发现问题，并找出解决方案。

比如，提前一小时到公司上班，成为同时段最早上班的菜鸟，有充分的时间思考与学习英文。这个小改变，让他的工作效率突飞猛进，也能更愉快地与旅客产生温暖的互动。他补充说，在看似枯燥的整理房间的过程中，其实是能带给旅客舒适的住宿体验，以及留下美好的旅行记忆。

志恩举了两个案例，让我体会他因服务所带来的幸福感。

其一，曾有位年纪颇大的房客反映空调问题，志恩简单处理后仍无法解决，在等待工程人员来维修时，客人问志恩肚子饿不饿，要不要喝饮料？客人说："桌上的麻糬是我从花莲买回来的，请你吃。"志恩回忆，客人待他如儿子般体贴，让他十分窝心。

其二，一个来阿拉伯的家庭住饭店三个月了，志恩每天都会和他们打声招呼，偶尔小女孩在他铺床时，都会来找他玩。有次还在床上又唱又跳又滚，然后一路在走廊上狂奔，连妈妈都叫不回来。此外，他们总是在志恩整理房间时，静静地坐在走廊转角聊天，一直耐心等待。志恩说，很高兴有机会服务这一家人，让他感觉到满满的热情与温馨。

"分享从来不是能力的问题，而是意愿的问题。让自己有料，充实自己的见识与阅历，分享人生中的美好风景。"志恩非常热血地告诉我。

我问志恩，未来有什么期许与梦想呢？他表示未来需提升口语表达及业务能力，还有外语能力。短期目标仍以房务为主，以楼层领班为中期目标，再来是希望有机会往前台或营销业务历练，培养不同领域的技能，朝高层主管方向迈进！

我喜欢年轻人有梦想、有抱负，不怕挑战，更从志恩身上看见这样的特质。如果年轻人都像志恩这样努力，台湾的未来真的很有潜力。我确信，志恩未来必定会是职场上一颗发光发亮的明星。

27. 做真正热爱、有兴趣的事

到百货公司有目的地逛街,想买一个休闲背包。

酷夏的假日时光,百货公司人潮众多,除了享受购物乐趣外,另一个因素就是可以免费吹冷气,达到避暑效果。

我选定要去的楼层,搭乘电梯,直达目的地。

多数的专柜都是年轻小女孩执勤,但这个柜位竟是一位身材魁梧的大男生,引起我的好奇。当我开始用目光搜寻想要的款式时,眼尖的他马上看出我的需求,随即上前问我："先生，您要哪一种类型的包包呢？"

他亲切地询问博得我的好感。我回复想要黑色的、双肩背、袋内功能性强的背包。"好的，我这边有三种样式符合您的需求，让我一一来为您介绍。"他迅速地告诉我，"这个袋子强调内装功能，若您有听音乐的习惯，这个包包还有贴心设计，可以放手机穿洞接耳机听音乐。另外这个是上周刚上架的，色泽全黑，简约大方，虽没有全部符合您的要求，但样式绝对会是您喜欢的。另一个，我较不建议，虽然是黑色的，但内容量较小，可能无法满足您的用途。"

"那……我就这两个选一个吧。"我说。

他继续详细地介绍："第一个包虽然不是全黑，带点纹路，有一种较活泼的时尚感。袋子前方尼龙绳的交叉设计，有越野风，若您不喜欢也可以拆掉，看起来也就比较清爽。对了，现在这个包包有促销活动，定价打八折，再满千折百，会比较划算。另一个因为是新品上架没有折扣，比这个贵将近五百块，但款式清爽，您也可以考虑。"

我对眼前这位大男生刮目相看。他真懂"客户心理学"！

所谓客户心理学就是："同理客户想法，提供适合客户需求的商品。"最后不论客户选择何种商品，都能达到成交的目的。

最终考虑了价钱与实用性，我买了他介绍的第一款。

当这笔买卖成交时，我便反客为主，开始问他的来历与背景。这是我生活的乐趣，也是交朋友的好方法。

原来，他就是这个柜位的老板，1990年出生，名叫益祥。

大学念信息，走上社会做保险，因为没有人脉又稍微内向，做了一年就打了退堂鼓。当不知道自己还能做什么时，恰巧他的朋友在夜市卖包包，问他要不要帮忙。益祥觉得自己本来就喜欢各种类型的包包，加上还没有找到合适的工作，索性就到夜市帮忙卖包包。

这一卖，果真卖出兴趣来了！

本着在保险业磨炼出来的较不怕陌生人的业务特质，益祥的销售功夫日渐成熟，也得到老板的好评。但他觉得，在夜市卖的包包虽然便宜，可是质量良莠不齐，很难说服自己卖得心安理得。

做了将近一年，确定对包包有一种无与伦比的热爱。为了兼顾质量与客群，益祥决定创业。

由于对包包生产与制作有全盘认识，一方面，他从网络找到几家愿意让他代理的台湾品牌；另一方面，开始与百货公司洽谈设柜事宜。从一开始的临时柜，到业绩逐渐成长，进而转成正柜，这一路走来将近三年的时间，他倾全力做他喜欢的事情。

我问他这三年累不累。他说常常一站柜就是一整天，说不累是骗人的。可是因为熟客越来越多，也是自己的兴趣，成就感还是很大。

益祥的故事，让我想起电影明星马特·达蒙2016年为麻省理工学院（MIT）毕业生所演讲的内容，其中有两段，我记忆深刻。

达蒙说："毕业生们，你们必须迈开脚步，做真正有趣的事、重要的事、开创性的事。"又说，"转身面对你看见的问题，挺身面对，直接走向它们，直视它们，直视你自己，决定你打算怎么处理它们。"

达蒙对MIT的毕业演说，让我想起歌德曾经说过的一句话："当工作能与兴趣结合时，你人就是在天堂。"我想，益祥目前的心境大概就是如此吧。

综观益祥乐在工作的原因，我想要提出三点分享：

1.走上社会从事保险业务虽然有挫败，却是培养自己成长茁壮的养分。如果没有这个阶段的业务历练，之后的夜市摆摊乃至百货公司的设柜，很难成事。

2.益祥没有只想找"好做"的工作，反而清楚要

"做好"当下的工作。他不好高骛远，先从员工做起，经过时间的磨炼，再自己当老板。

3.因为是做自己有兴趣的工作，不会有工作倦怠。服务的热情与斗志相对更加高昂，表现出来的样子就能吸引客户上门，自然业绩就不会太差。

益祥，好样的！我会继续找你买包包的！

28. 梅格带给我的人生启示

当我从公司业绩报表得知她的厉害时，我就想找机会认识她。她是梅格，我的远方同事兼好友。她的生命故事带给我极大的震撼与赞叹。当我第一眼看见她时，就知道这位女子不平凡；当我有机会与她交谈时，也立刻明白这位女子的魅力何在。

她的不凡不是外貌，而是气质；她的魅力不是口语表达，而是生命态度。

来自金门的梅格，身上流着"不服输""不怕苦"的血液。而具有这两种特质主要源于清寒的家庭。因为清寒，来台湾念公办大学的梅格，每一餐只控制在十元以内；因为清寒，她念夜间部的大学，白天几乎都兼着两份差事上班；因为清寒，碰上额外的开销，也只能饿着肚子不吃饭，为的就是能将赚到的薪资寄回家，让父母抚养家中的七个兄弟姊妹。

研究生毕业后，梅格考上外商银行，担任二十四小时的电话客服专员。在那四年半的后勤工作中，梅格也是竭尽所能地加班再加班，只要公司需要同仁加班，她一定第一个报名；只要同事请假，她有时间代班，也一定答应。虽说远在金门的老家经济情况稍有改善，梅格还是没有安全感，希望多挣点钱帮忙家计。

这样的加班模式，毕竟能赚的钱有限。梅格自动请缨调到前线单位，担任银行的理财专员，希望通过超额完成任务，以赚到更多的奖金。这个转职念头，也真正改变了梅格的未来。

将近二十年前，梅格开始从事业务工作。业务要做好，勤劳不可少。当同事六点下班回家时，梅格也是跟着大家下班，她并没有留在公司继续Call客，因为她知道，晚上六点到八点这段时间，是家庭的用餐时刻，不宜打扰。她会等到八点过后，开始打电话给客户，告知公司的优惠活动与信息，试着与更多客户拉近距离。诚如日本经营之神松下幸之助所说，一个人下班之后的表现，才是成就未来的主因。梅格下班的关键两小时，印证所言。

经过好几年努力，梅格的客户基础越来越稳，忠诚度也越来越高。甚至，许多桩脚客户开始大量介绍新客户让梅格认识，也让梅格在诸多的业绩竞赛中拔得头筹，集许多荣耀于一身。

私底下我曾问梅格，这样的生活难道不觉得累吗？梅格告诉我："这就是生活，这就是人生，没什么好累的！有机会改善家庭生活的任何一种方式都是好的，所以不累。"这就是我真正崇拜梅格的原因。

而让我更加崇拜梅格的，是这个美丽感人的故事。

有一年，在一次公司举办的大型竞赛中，梅格勇夺冠军，公司安排她到新加坡领奖。不巧，梅格出国的日子竟是她父亲要来台湾看病的时间。梅格的父亲因为有心脏病与高血压病史，基于金门医疗条件有限，梅格都会接父亲来台定期回诊。这次，依照惯例，梅格还是帮父亲订机票，安排回诊事宜，只是在电话那头告诉父亲，这次因为颁奖的缘故，无法陪伴父亲到医院就诊。

到达新加坡的第一晚，即是颁奖的重头戏。当晚会主持人喊出第一名梅格的名字时，梅格缓缓地走了上台。这时，主持人突然停顿了一下，告诉现场的来宾朋友："在这重要的一刻，冠军得主必定期待能与家人分享这美好的荣耀，我们有请梅格的父亲出场。"霎时，现场响起如雷的掌声。而梅格年迈的父亲就从后台一跛一跛地走了上来。

这种场合若发生在你我身上，我们会有什么反应呢？当然是感动到痛哭流涕啊！梅格的泪水再也不听使唤地溃堤而下。她万万想不到，公司竟然如此神秘贴心安排这出感人肺腑的亲子大戏。当主持人请梅格发表得奖感言时，梅格在众目睽睽下，生平第一次对父亲说出"我爱你"这三个字。梅格告诉我，在那传统封闭的金门，父女之爱并不是能够那么自在地表达出来的。

这个故事听完后，我更深佩服梅格的勇气与孝顺。也确信，梅格的孝心应该感动老天，才能让她的人生越走越顺。

与梅格同事这五年来，她带给我许多人生启示：

1.孝顺的力量：百善孝为先，所有辛苦都能化成美丽的代价。

2.业务的方法：观念一转弯，业绩翻两番，梅格诠释得很棒。

3.勤奋的精神：一勤天下无难事，勤不仅能补拙，还会成功。

年轻人，这个故事对你有什么启发呢？

29. 想做大事,先从"订盒饭"开始

前些日子与集作家、文史工作者、旅游家及电视广播节目主持人于一身的谢哲青老师碰面。他因为来台南演讲,我到高铁站去接送他。我们认识三年多,年纪相仿,喜欢阅读,而且有许多共同话题。

"十年寒窗无人问,一举成名天下知。"是我对哲青蹿红的第一印象。而我相信他的走红会很久很久,因为他凭借的不是运气而是实力。此话怎说?你去想一个人,每天工作不论多晚,一定阅读到子夜两点,然后清晨六点又起床工作。这样日复一日极有纪律的自我要求,能不头角

峥嵘，又岂能不红？这番话来自于他的太太艾霖的分享，真实性百分百。

在车上，我问哲青对现在年轻人工作态度的看法。哲青说了一个有趣的故事，告诉我他的想法。

"现在很多年轻人自觉能力高超，或许认为怀才不遇，或许尚在等待伯乐出现，心中只想做大事却不想做小事。"他在电视圈常常看见这样的例子。很多年轻人凭着高学历，理当认为自己可以做营销企划、项目管理的工作。哲青告诉节目的老板，若有这样的人才，请他先从帮现场工作人员订盒饭开始。

我好奇地问，为什么要从订盒饭开始呢？

哲青补充，一个剧组人员少则五十多人，多则百人，要能将这么多人的盒饭订好，是一件不容易的事。他说，从早上十点半开始订盒饭，必须询问每人要吃的口味，有人要鸡腿，有人要排骨，有些人吃素而不吃某种食物，又有人想吃面不吃饭，等等。光是问完就是一个大工程，这中间可能涉及何时问话、如何沟通，若别人在忙时，又该如何处理。这些都是一位刚走上社会的年轻人应该学会的人际沟通。

之后，要能在一定的时间打电话给这些盒饭店，因为有些店家可能超过时间就不外送。又要请这些简餐店的人员在中午固定时间前将餐食送到棚内，让大家可以赶紧吃饭，不至于耽搁录制节目的进度。

哲青说，光是"订盒饭，叫盒饭，发盒饭"这三个步骤就可以看出一个年轻人的实力。若这些事情都无法做好，更遑论交付他更重要的任务。我在驾驶座开着车频频点头，非常认同哲青的这段谈话。

有一种学问叫作订盒饭，我想要分享这个中的成功要素。

订盒饭：懂得每人要吃的口味是第一要素。这不单只是问问而已，更是有没有用心的结果。当年轻人能够抓住每位大哥大姐的喜好，在职场的人际关系一定较受欢迎。

这堂课学的是人际沟通。

叫盒饭： 知道几点几分要打电话，掌控每一家盒饭店的送达时间，确实盘点盒饭数量与口味正确性，都是不可疏失的。这其中要学习的有时间管理、数字与速度的要诀。

发盒饭： 依照流程，按照顺序，有条不紊地发盒饭也是一件重要的事。这其中可能要掌握的是流程的控制与发送的正确性。当大家手上拿着的是自己想要吃的那个盒饭，这种感觉是舒服的。这堂课学的是让自己成为一位可被信任的人。

一件订盒饭的小事，可以成就一件大事。不仅能在职场好好生存，又能从中学习做人处事、待人接物的道理，的确是一个好的磨炼办法。年轻人，你会订盒饭吗？

30. 公务员是这样当的

我们相约在咖啡馆，然后，这个故事就产生了！

第一次见到蔡宗翰，是在我们共同好友谢文宪（宪哥）的演讲会场。那天，他是工作人员，里里外外忙进忙出，多数时间负责验票。我约略知道他，只因从"TED×Taipei"看过他的火灾倡导演讲，便上前向他打招呼，递出名片自我介绍。他腼腆地接过名片，立刻笑着对我说："很高兴认识你。"那抹笑容有邻家大男孩的亲切感。彼此寒暄几句，我便走进演讲会场就座。

一周后，他脸书加我为朋友。并传私信给我："吴兄,您好!那天在台南'改变的勇气'演讲现场有跟您见过面,非常开心收到您的名片!现在正在拜读您的大作,希望之后有机会请您帮我在书上签名。"我马上回复非常乐意,甚至到高雄找他都可以。宗翰目前在高雄市的消防局上班,原先在新竹任职,后来才转调回故乡。

接着他继续在私信告诉我,近日有一场演讲在台南,若时间允许可以碰面。一得知会场就在我的家乡新市区,便雀跃地答应他:"这也太巧了,咱们就当天见面吧!"

我们为何会相见,除了签书是个触媒外,与他工作的转调有极大关系。

在前往咖啡馆之前,我上网将宗翰的信息浏览了一遍,也将他在TED的高人气演讲"破解火场逃生的三个迷思"重新看了一次,这种KYC(Know Your Custom)的功力,来自金融业的实务训练,也就是了解你的客户,让彼此很快能打成一片。

我对宗翰有三点非常好奇:第一,他为何会上

"TED×Taipei"分享一场好演讲？第二，如何走上简报达人这条路？第三，成为公务人员的心路历程。关于前两点，我的惊奇不多。但关于第三点，如何成为一位杰出公务人员，是我在咖啡馆里品尝到的比咖啡还香的好故事。

宗翰高雄中学毕业，学校成绩维持中上，选择上好的公办大学，甚至从医都没有问题。但他选择了一条不一样的人生大道，念了台湾"中央警察大学"的消防系，至此注定他走上公务人员的道路。问他为何这么做，他只说，不喜欢台湾的应试教育，希望走入大学之门后，能够自在阅读，不要一直受考试的拘束。

很快毕了业，宗翰开始从事消防业务。他的表现杰出、努力出众，可是他知道要在这部公务机器中维持"热情"与"不凡"绝非容易。因为，公务人员普遍有着多做多错、少做少错的观念。更何况，他只是个菜鸟，论辈分，轮不到他说话；论资历，他尚需多琢磨。

但宗翰终究还是找到了自己的天赋，就是通过演讲与分享，让他成为更好的人。

在消防局里，宗翰从事防灾研究计划与政策的拟订、推广工作，简言之，只要把计划的步骤与行政流程做好，就能当一位称职的公务人员。套句名言："专业让你称职，热情让你杰出。"宗翰不仅把分内事做到称职，也想通过热情的演讲将工作做到不凡。因为他笃信，付出才会杰出的道理。他开始制作打动人心的消防简报，也通过自费参加简报技巧与说故事工作坊的课程训练，精进自己的简报功力。

终于，机会来临，他用五分钟的简报时间，努力让五年来的用心被看见，也验证了"台上一分钟，台下十年功"的法则。

因应高雄气爆事件，长官指派他对国际狮子会做一场五分钟的简报。但准备时间只有三天，三天后就要上场。国际狮子会拨了新台币一亿元的经费，准备帮助因这次的气爆遭受损失的消防部门。宗翰简报的结果，决定他可以为消防局募到多少善款来采买因气爆而损坏的消防车辆。

他告诉自己用五百倍的时间，去做这五分钟的简报。

换言之，就是在三天时间内，他每天几乎用十三小时准备。最终，他成功募得八千万元，替高雄市消防局募到极佳的硬件资源。

这场简报，可说是在对的时间做对的事并且被看见。从此以后，蔡宗翰在消防领域的好名声不胫而走。但他也知道未来能为社会做的事会更多。

众所皆知，不论是企业学校还是机关团体，常常需要消防人员分享基本防灾的常识与观念。可是很多消防人员只会救灾，不善言辞或简报。宗翰便负起这个教学重责大任，他努力到各县市讲演好的消防简报与故事，并从中教会这群种子讲师。他的付出与努力，深得长官与同仁赏识，成为一位卓越的公务人员。

刚提到，我们的相见除了签书外，还有一个特别原因。那就是宗翰近日刚转调到局本部，成为局长的机要秘书。这份工作让他更需要战战兢兢面对未来挑战，也就是这个原因，他看了我的书之后，希望向我请教职场的人际沟通与更深入的待人接物的道理。我们聊了许久，我很钦佩眼前这位年纪小我一轮多的宗翰是如此精进与认真。而我也倾囊相授，告诉他我的职场经验与心得。

关于宗翰的人生，我观察到三件事情可以分享：

1.**找到自己的天赋，让自己从事自己热爱的工作。**

2.**努力精进的学习，让自己的能力不断与时俱进。**

3.**帮助别人的心胸，让自己在职场当中如鱼得水。**

谢谢宗翰的好人生，让我写出好故事，这是一段美丽的午茶时光。

31. 愿有多大，力就有多大

能让我称赞很厉害的业务高手不多，煌尧是极少数的一位。

五年前，我刚进远东商银任职，担任分行主管。当时，就耳闻公司在台北有一位顶尖的理财顾问，名叫黄煌尧，是一位很厉害的Top Sales，他已经连续九年蝉联公司的业务冠军。因为我是业务出身，知道要将业务做到巅峰并不是一件容易的事，因此也对煌尧的背景与事迹感到好奇。

我们终于有机会碰头，那是在一次南区理财专员的聚会上。煌尧因为就读中山大学ＥＭＢＡ之便，顺道南下与南区同仁不藏私地分享业务经验。和他第一次见面的场合上，他不认识我，但我知道他。我不多话，只是默默观察他的谈话内容与肢体动作。

在他半小时的分享会中，我的确看到他有两个明显的业务特质。一是自信，二是勤奋。自信能为业务的达标带来无与伦比的信心，也是增强客户有意愿购买的指标。勤奋为业务的根本，天道酬勤，唯勤天下无难事，就是这个道理。

当晚，因为他被同事们包围问问题，我与他的第一次接触，也就在拍个照、交换张名片，寒暄几句话之后就画下句点。但我心中知道，这号杰出人物，我一定要与他更加熟稔才是。

数月后，借由一次北上开会机缘，我到他服务的分行找他，想与他建立更进一步的同事情谊。乍见，他记得我，给我一个大大的拥抱。说实话，已不记得当时聊了些什么。但那一次的会面，的确为彼此的友谊加温不少。之后的见面，几乎都是在公司颁奖场合和他相会。他总是在领奖的舞台上，豪气干云地分享他成功的业务经验。

我们算是气味相投，他欣赏我的领导风格，我佩服他的业务长才。近些年来，虽然他在北、我在南，但借由通信软件的联系与沟通，真的做到只有远传、没有距离的好友关系。

因为担任公司行内讲师的缘故，到101大楼的训练教室帮同事上"热情服务与创意营销"的课。恰巧，在101分行上班的煌尧当天也到公司加班而与我巧遇。对于我的到访他很开心，马上托同事买杯咖啡请我喝。

碍于上课时间已到，彼此无法久聊，煌尧索性在教室后方听我上课。好似有一种既然不能与你谈话，能够听你说说话也很满足的意味。

在课堂刚开始的刹那间，我突然觉得，与其我老王卖瓜自己分享业务如何开发与营销，台下的煌尧不就是一位可以现身说法的最佳代言人吗？！当下灵机一动，我便请他与这群学员分享他的职场不败定律。想不到，他在半小时内的经验分享，成为当天课程的极大亮点，也是让同仁有意外收获的小插曲。

煌尧阐述他的业务之道，我的笔记如下：

在成为银行的顶尖业务之前，煌尧的工作是估价人员。他明白，能在职场出人头地的快捷方式，不是自己当老板，就是当业务。他选择后者。但因为完全没经验，煌尧的业务之路也是走得跌跌撞撞。但他一点都没有气馁，反而更加坚定信念，告诉自己一定要成功。

他举出四个要点，让我看到他的创意营销：

第一，初当业务，煌尧知道要更快上手，向成功者学习是必要的。他几乎每天都去请教资深业务的作业流程与心法，让自己少走冤枉路。这种用心学习，也让自己快速成长。

第二，他要求自己每天在银行营业厅帮客户倒一百杯茶水，借此发出一百张名片。这个动作就是要让客人短时间能够记得他，也让客人知道有业务需求时，可以找他服务。这种真心付出，为自己带来莫大的商机。

第三，到了缴税季节，他主动帮客户报税，顺理成章地化身客户的家庭理财师。每逢过年时节，他不等客户开口，总是预先帮客户换新钞，主动送到客户的公司或家里。这种贴心服务，赢得客户的赞赏。

第四，许多理财专员只会看客户的账上是否有存款，来决定要不要开发，却忽略了客户的住家地址也是一个可以观察的指标。试想，当客户家住在台北的精华地段，虽然存款余额不多，也都会是财富管理的潜在客户。煌尧如此细心地开发，果然成就自己的业务大道。

最后，煌尧告诉同事："**格局影响结局；愿有多大，力就有多大。**"台下对于他的分享则报以如雷般的掌声。

32. 走在老板后面，想在老板前面

假日时光，参加公司的一个户外活动，必须早起从台南搭高铁到台北。因为自己贪睡了一会儿，车子开到高铁外围停好车，便匆忙地跳上接驳车，怕司机不知道我很赶时间，即刻脱口而出："七点十三分，快！"只见司机一脸镇定样对我说："你不说，我也知道你赶时间。"

我惊讶地问他为什么知道。他回答："从你的动作就可以发现，因为你是跑上车的，而且神色匆忙。"他继续说道，"我做生意四十年了，商场上的动作看多了，几乎

只要稍微观察一下，就可以知道这个人的特质与个性。"

这位司机大哥如是说，我不意外。因为每个人一定都有自己惯性的行为，有人急性子，有人慢郎中；有人就是脸臭臭，有人就是笑眯眯。基本上，只要认真观察就很容易看得出来。我曾经写下这段文字："**了解他人的所思所想，需要时间，这是识人；认清自己所处的位置，需要经验，这是识相；知晓以众生利益优先，需要智慧，这是识大体。识人、识相、识大体，是我工作精进的原动力。**"

但我不解的是，眼前这位大哥竟说自己在职场上已经打滚四十年，他看起来明明不过大我十岁上下。经过我一番追问，他才松口说自己是1952年出生，真的大我二十岁以上。可见生活阅历，还是会影响一个人的智慧与风格。

这位司机大哥见我爱聊，就告诉我另一件事。他说，其实依排班先后，要来载我的应该是另一位同事，但那位同事正在吃早餐不想马上出任务。而他知道早上乘客一定都是比较赶时间的，遂放下餐食，以乘客为优先。他夸张地说，曾经有一顿午餐，吃了数十次都无法吃完，只因他要一直出勤载客。下车前，司机又告诉我一句经典的话，让我印象深刻。他说："因为自己曾经当过老板，我知道把工作做好是天职，老板才会愿意为我加薪啊！"

这位司机大哥的作为，显然具备职场的潜智慧，就是"走在老板后面，想在老板前面"。所谓潜智慧的"潜"，是一般上班族较不常注意到的职场规则。这有点像是"做完是负责，做好是当责"的概念。

顺利搭上高铁后，因为这位司机大哥的作为，让我想到另一个也是"走在老板后面，想在老板前面"的故事。

某一年，公司举办年度业绩竞赛。我是分行经理，当然责无旁贷带领同仁往前冲。在业绩即将结算的前一周，我的分行暂时名列第三。当然，时间还很充裕，是有一种坐三望二抢第一的态势。于是我便召集同仁一起开会，共谋后续的打仗策略。

席间，我先向大家告知目前全行的业务达成情形，也将自家分行的现况做一说明。接着就向同仁宣示:"依照进度,我们是有机会夺冠的,只要秉持不放弃的精神,大家再尝试一些做法,或许真的能美梦成真。"

此时,同仁甲率先发言:"报告经理,我们分行目前排行第三已经不错了,大家也拼战许久,依照进度,我们不可能太差,其实不用太拼,应该可以休息了。"甲说完后,许多同事几乎也都附和他的看法,好似真的应该维持现状即可。

我回应甲说:"同事都很尽力,我可以感受得到。但这是一个契机,因为我们已经跃升到第三,若有机会得冠军,为何不要呢?"接着告诉大家一个关于坚持的概念,**"面对困境,再加把劲,就有途径;山穷水尽,懂得转进,成功就近。"** 希望同事再好好地拼最后一里路。

分行会议结束隔天,我收到一封邮件,是同仁乙发来的。他在信中这么说:"报告经理,经过昨天的讨论,或许同仁们都希望休息,但我和你持相同的看法,既然已经拼到第三了,何不再接再厉,往夺金之路迈进……我要提供的执行夺冠业务的策略，以下有三点，请经理斟酌看看是否可行……"

在我读完乙的业务计划后，内心相当澎湃感动。我确信乙具有"走在老板后面，想在老板前面"的思维。这也是我非常欣赏的职场人格特质。那一次的竞赛，我们没有拼到第一，但同仁乙的表现，让我对他刮目相看。多年后，我调离这家分行，与乙总是保持良好互动。而乙也不负众望，受到其他上级的赏识，当上了分行经理。

我只看过用"老板思维工作"的员工的成功案例，但从没有看过用"员工心态工作"的老板的成功案例。职场要成功或许方法很多，用老板的心态与格局做事，不仅可以长治久安，也较容易升职加薪！

33. 工作是自找的

小J是我之前在外商银行的同事。

他进公司的原因很特别，是自找的。这里所说"自找的"，并不是自己投简历等着公司发通知面试，也不是通过朋友或猎人头牵线而找到的。小J的状况是，因为他喜欢这份工作，虽然公司并没有要招人，但他走进银行告诉分行经理，说明他想要应聘工作的来意，等待一段时日后，分行经理竟通知他来面试，之后便上班了。

当我得知他进公司的原因后，感觉非常新奇特别，直问他哪来的想法，愿意接受这种挑战与不怕拒绝的勇气。

他说："工作如寻宝一样，都要自找才会快乐。"不晓得当时他说这句话的画面，为何一直在我脑海中停留数十年没有忘记。多年后，因为自己职场的体验与感受，慢慢了解这句话的精髓。它代表的是一种积极主动的"权利"与认真负责的"义务"。积极主动是一种行为，是职场永保安康的护身符；认真负责是一种态度，亦是打造个人品牌的前哨站。或许这就是毛遂自荐的极致精神吧。

小J的例子，也影响我的职场生涯。我进远东银行的原因，也是自找的。

五年多前，当我准备离开前东家时，我写了一封长信给当时远东银行的总经理洪信德先生，信中提及，若有机会可以到远东银行服务，是我优先的选择，希望洪总可以和我谈谈。很快的，我就收到洪总的回信，请HR与我联系，这是我职场第一次毛遂自荐成功的经验。说实话，那时也不知道哪里来的胆量与信心，就这么把这封信寄了出去。也谢谢洪总的牵成，让自己的职业生涯之路可以更上一层楼。

再说一个自找的案例。

我有幸成为佛光山南台别院义工将近十年。从南台别院举办"化世益人""安乐与富有"一系列二十八场讲座开始,我担任讲师的邀约工作也是自找的。我真心认为,若不是自找的这份公益差事,人生应该乏味不少,也没有办法认识那么多作家朋友,进而成为一名作家!

演讲举办的第一年我没有参与,到了第二年,师父得知我认识作家蔡诗萍先生,麻烦我借由彼此的朋友关系邀约诗萍大哥下台南演讲。那时,我认识的作家除了诗萍大哥外真的不多。后来因为时间合不拢,诗萍大哥当年就无法与会。当时,我挺自责的,告知师父,若还有其他名单需要邀约,我非常愿意帮忙联系,也算是弥补没有邀到诗萍大哥的遗憾。

师父看我极度认真,就开了两个名单请我帮忙。我记忆非常清楚,一位是超马好手林义杰先生,一位是法蓝瓷总裁陈立恒先生。不负期望,我花了一些时间与力气,终将两位名人请到佛光山南台别院演讲。这件事之后，我在师父的心目中，树立了一个愿意付出、乐于配合的好形象。时至今日，这些年来的讲师邀约，住持师父们总是愿意信任我，将受邀名单请我联系，也让我与作家朋友的缘分越来越深，转而认识许多出版社编辑朋友，才有机会因为自己爱写作，也成为一名作家。这都是因为"自找的"，从而产生始料未及的美好结果。

我喜欢告诉年轻人，多一些自找的，少一些别人帮的；多一些自愿的，少一些被迫的。人生也会因为自动自发而有不一样的结局。

34. 铃木一朗教会我的职场智慧

铃木一朗的美国职棒三千安,终于在球迷殷切的期盼下打出来了。不可否认也毋庸置疑,铃木一朗绝对是这个时代最伟大的棒球巨星之一,他在大联盟保有单季挥出最多安打两百六十二支,同时连续十个球季打出两百支以上安打的辉煌纪录。

铃木一朗在球场上的终生成就,深深激励着我,而我也相信他在球场打拼的故事,亦能当成上班族职场奋斗的借鉴。也就是职场如球场,为求好表现,道理是相通的。

小我十天出生的铃木一朗,因为受到父亲启蒙,从小学阶段就立志当一位杰出的棒球选手。几年前，网络流传一则由铃木一朗代言的广告，内容为铃木一朗在童年时写的一篇名为《梦》的文章，文内道出他想要成为日本职棒杰出选手的梦想。关于这个梦想，并不是嘴巴说说而已，铃木一朗的身体力行与苦练实练，佐以自信与勇气，果真为他带来甜美的果实。

所以，铃木一朗教会我的第一个职场智慧是："**梦想驱动成就，努力达成梦想**。"我认为，一般上班族几乎都缺少梦想动机。当不知道要往哪边走时，最有可能的结果有两种：其一是因为没有明确目的地，就会常常多走冤枉路，造成旷日废时，徒劳无功。其二是道路上遇到任何阻碍与挫折，很容易产生畏缩心态，裹足不前，甚至提前放弃。

在我进银行上班初期，就已经立下要当分行经理的梦想。当自己一步一步实现这个愿望时，心中有一种极大的成就感。我相信，这都是自己先写下梦想清单的结果。

在铃木一朗二十多年的职棒生涯中，他鲜少受伤。根据报载，他只有在2009年大联盟开季时，因为轻微的胃溃疡进到伤员名单，其余时间都能待在所属球队好好出赛。这种严格预防受伤的心态，令人钦佩。有记者问他，为何会如此地保护自己身体。铃木一朗笑说："我领这么高的年薪，就有相对责任要让自己身体健康。"

关于日常的行住坐卧，铃木一朗自有一套生活模式。他训练让自己的肌肉越来越柔软，赛前的暖身也有一定标准作业流程，甚至在比赛当下，他也会评估，当要接一些有机会成为安打的球，定会以不受伤的前提去完成接球动作。这些细节与观念，都是让他成为伟大球员的关键。

将铃木一朗这套球场保健之道转换到职场，他教会我的第二个职场智慧是：**"健康的身体与自律的心理，是创造幸福职业生涯的源头。"** 不论是基层员工，还是高层主管，大家均汲汲营营地打拼事业，忽略了身体保健，导致提早离开职场，这都是令人感到扼腕的结果。

"跑得快，不如跑得远；跑得远，不如跑得久。"这是我近期体会的职场心得。当中年之后，看见许多朋友或长官因为身体原因退出职场，让我笃信身体健康才是财富的根源。

铃木一朗曾说他要打球打到五十岁，我认为这绝对不是玩笑话而已。

不晓得你有没有和我一样，目睹他击出三千支安打的历史画面。这个伟大时刻，我从网络上重复看了好几遍。真的很巧，铃木一朗的三千安是一支三垒安打，正好打在马林鱼担任客场休息区的前面。当他击出这支安打时，他的教练与队友蜂拥而至，与他拥抱祝贺。

这个经典画面，让我深深觉得，铃木一朗的成功，不单只是球技精湛受到大家喜爱而已，他待人接物的好人缘与谦卑恭敬的态度，更是让他显露伟大的主因。当媒体争相报道，他打出美日职合计的四千二百五十七支安打，是否算是打败美国职棒安打王罗斯（Pete Rose）的纪录，成为世界全垒打王的同时，包含罗斯本人都跳出来质疑，却听不见也看不到铃木一朗表示意见。这种安静地打出成绩，不与人争的风度，让我更加佩服。

关于这点，铃木一朗教会我的第三个职场智慧是："**谦虚有礼的行事作风，是职场永保安康的护身符。**"要在乌烟瘴气的职场环境立足，多数不在于做事的专业技巧，而在于做人的口碑风评。也就是说，只会做事是不够的，还要懂得做人的基本原理，才是在职场逢凶化吉的关键。

年少的我，为了在职场出头，不惜树敌，总是搞得自己心烦意乱。现在的我，经过岁月的磨炼与职场的历练，让我更加懂得与人为善，凡事用同理心来处理事情，反而左右逢源，职场顺遂。我想，这都归功于逐渐懂得为人处世的道理。

铃木一朗能在球场驰骋数十年如一日，靠的是"梦想""健康"与"人缘"。我则通过希望学习他的好特质，也让自己能够在职场如鱼得水，乐在工作。

35. 别再说时间不够用!

因为第一次出书的缘故,上了数十个广播电台接受采访。每位主持人都很认真看我的新书,他们提的问题也非常有深度,每次访谈几乎都是行云流水,没有吃"螺丝"①,但碍于时间有限,尽管意犹未尽,也只能结束访谈。

这其中有一位主持人,因为惊讶于我身为一家银行分行负责人,却还有这么多时间可以写书做公益,令她相当

---

① 台湾俗语,指咬字、说话不清。

匪夷所思。索性，便请我上第二次节目，要我谈谈"时间管理"这个话题。我很快地答应她的邀约，因为上广播还真是一件有趣的事。而这位主持人，就是央广"自由风"节目的朱家绮小姐！

不只是家绮，还有许多朋友对我的生活步调感到好奇。他们总觉得在银行工作不是已经够累人了，每天要管理业务，又要拜访客户，怎么还有那么多时间可以东奔西走。而且，所做的事情都是以帮助别人为主，难道工作与生活不会冲突吗？该如何取得平衡，是他们想要知道的。

因为家绮的邀约，让我有机会再一次审视、说明自己的时间管理状态。生命若是一条长河，我会将"时间管理"拆成三等分。

时间管理只是中游，行动与效率决定时间安排。

能量管理才是上游，热情与慈悲掌控时间质量。

事件管理就是下游，经验与分享创造时间价值。

我分别从上中下游解释如下：

能量管理是整个时间管理的核心。我总认为，时间管理的目的是要驾驭时间而非被时间绑架。很多人以为将行程塞满，每天忙到焚膏继晷，就是最佳的时间管理诠释。或许这种做法能降低无聊与空虚感，但只要往后感到体力不济，赚到疲劳又没有功劳时，就开始会有倦怠感。渐渐地，夜深人静时，更会感到"为谁辛苦为谁忙"的窘境。这就是我想要表达的，时间管理的核心是能量管理，唯有将能量调到最佳状态，做任何事情必能事半功倍，日渐有功。

能量管理需要的是质量，而非数量。我的经验告诉我，找出热情的长处与慈悲的天赋是关键。热情就是喜欢现在的自己，接受老天安排去做发自内心的事。慈悲是美好生活态度的展现，那是一种对人有益，对己无亏，对事圆满的状态。当拥有热情与慈悲，做任何事情就不会有疲惫感，甚至觉得自己越做越开心，越做越起劲。所以，时间管理需要能量管理的支持才能走得久、走得远。这个阶段的练习是找到自己极度喜欢的工作，全力投入，纵使没有薪水、没有掌声，都甘之如饴。

时间管理是展现能力关键的要素。当能量具足，做任何事情靠的是行动与效率。我喜欢用日程表记录自己每一个行程，以前是通过笔记本，现在则是靠智能手机。不论大大小小的事，只要已经承诺或愿意配合的事，我几乎都会写在手机上。让每一个行程，经由手机善意提醒，不遗漏任何既定安排。

这个阶段的重点是，该如何安排行程，又该如何取舍。我的重点是"抓大放小，说走就走"。

抓大放小关键是排出事情的轻重缓急。我不会野心太大，让自己行程满档，但会找出最有效率也最符合他人利益的事去做。如此一来，既能有助于业务绩效，又利于生活步调，让人能够乐在其中而不感疲倦。

关于说走就走，是很多朋友对我的疑惑，他们觉得我身上应该装了劲量电池，不然为什么行动力比别人强？其实这是有原因的。答案很简单，就是我不想让自己感到遗憾。很多人在时间安排上，对自己的某些想望与规划，常常想着等到退休再做，或刚好有安排重要行程，再顺道去做次要的事。但我深知，时间是朋友也是敌人，很多时候没在当下身体力行，可能就再也来不及了。最常见的是，想出门远行但自己年事已高，碍于身体却哪里也去不了；或者总想有空、有机会再拜访重要朋友，但对方竟倏然离世，彼此再也没有相见的机会，徒留遗憾……

事件管理是快乐人生的甜蜜回忆。爱自己正在做的事，又佐以行动与效率，想当然尔，这样的结局必定是美好且快乐的。因为大量的事件管理，能够积累丰富的经验与故事，当同样的事情再来一遍时，就能轻松面对，轻骑过关。若是能将这些事件通过言语或文字分享给别人时，便是美事一桩。

时间管理不难，工作与生活要平衡不难。难的是自己的心态与价值。我喜欢帮助别人，当知道时间有限时，就会很努力找出时间去做公益；我喜欢分享生活，当知道时间不够时,就会经由写书与演讲传递真善美。

别说你时间不够用,关键看你怎么用。

第四章

工作之外,打造好感生活

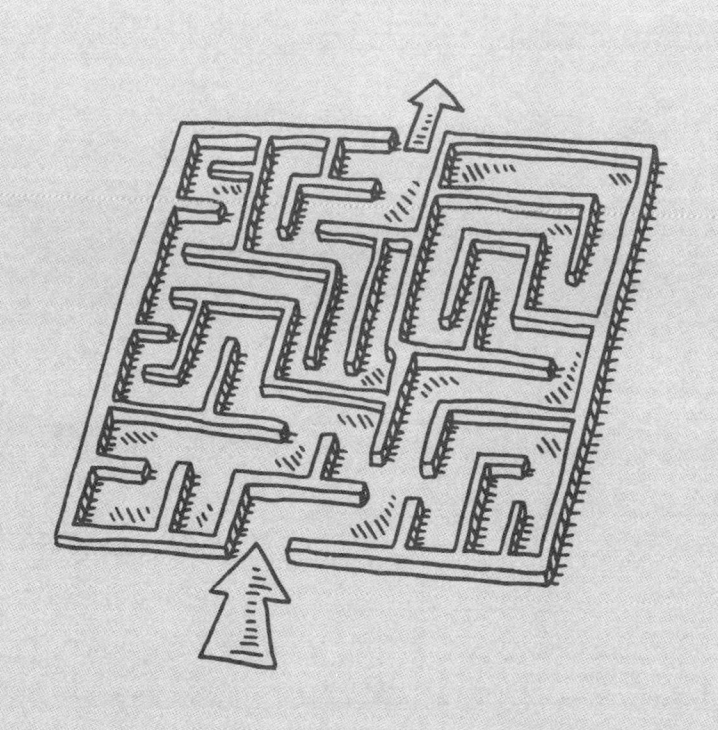

36. 关于跑步，我想说的是……

打从初中开始，我就是一个热爱运动的人。而我运动的项目几乎都以篮球为主。初中时期，我极度内向害羞，当我发现，驰骋球场可以挥霍过多的精力，用汗水显示自己的男人味；可以在场上当一名控卫，看似指挥若定地运用战术，实则肆无忌惮乱吼乱叫发泄情绪；可以使出炉火纯青的胯下运球，再冷不防用速度过人的假动作切入篮下上篮得分，我便爱上篮球。

在那以迈克尔·乔丹对抗"魔术师"约翰逊与"大鸟"伯德的NBA年代，我的中学生涯不是课本，就是篮球；不是教室，就是球场。随着球技日渐成熟，我在高中、大学时期，还曾很幸运地当选过篮球校队，虽然几乎都是板凳球员，却也甘之如饴。

走上社会工作后，打拼的区域不再是球场，而是职场；重心不是得分与篮板，而是职务与老板；在乎的不是流过多少汗水，而是能够拿到多少薪水。打篮球对我而言，已是缅怀青春岁月的记忆之歌，偶尔唱唱可以，要我一直哼，真的没有那个闲工夫了。可以想见，我的体力与体格已经随着年纪增长而下降、走样了。

将近五年前，隔壁邻居的小孩约我打篮球。因为邻居告诉他儿子，说我在学生时期打球有多神，这位大学生便想找我出来尬（切磋）一下，瞧瞧他老爸口中的我，到底有多么厉害！

球技生锈，体力不济，投篮不准，中年大叔的篮球秀终究是一场笑话。经过那一次被血洗球场的经历后，我发现，打篮球这种激烈身体对抗的运动早该离我远去，取而代之的应该是跑跑步、走走路这类的运动。在还能跑时，就不要只是走的想法下，我心中升起想开始慢跑的念头。

念头归念头，没有行动只是空谈。接下来的日子里，我还是工作与睡觉替换，跑步运动这回事还只是个念头。

过了几个月后，发生了一件事，开启我跑步的滥觞。至此，没有停歇。

"天哪！头痛欲裂，越睡越痛。怎么难得休一周的连假，第一天就不舒服呢？"从中午沉睡到傍晚将近三小时，我从床上起身却浑身不舒服。

"那就去跑步吧！流流汗或许会好些。"我内心暗自下了决定。

记得那是晚秋时节，天边有彩霞，凉风徐徐。我拿出鞋柜上被我束之高阁的慢跑鞋，绑好鞋带，稍做热身，就从家里冲了出去。

这是我的新体验。跑步起点是自家门口，终点也是自家大门。以往，为了出门运动，有时到了冬天，就只能在寒风冷冽的天气状况中，骑着摩托车，穿着厚重外套，往学校的操场前进。现在，只要在家门口热身，就能轻装而出，享受路跑的乐趣，节省许多舟车时间。

出发后，我行经家附近一条铁路路口，横跨已没落的老旧工业区，经过我的中学母校，穿越省道台一线，跑过阿姨家向她说声"嘿"，撞见几只狗，就赶快大步地呼啸而过（怕狗追我），跑到田埂中，看着数十只白鹭鸶在田野觅食，转进整排木棉的林荫大道做森林浴，最终，又从田野折回村落抵达我家门口。这段里程约莫七公里。

这一趟小跑步，算是我的故乡巡礼。

我赫然发现，能够双脚踩在自己故乡的土地上慢慢跑，真是一种幸福。我生于斯四十载，惊觉还有许多故乡学分没有修完。心想，爱故乡真的不难，只要自己愿意，用双脚好好走过故乡的每一寸土地，用双眼好好看故乡的繁华变迁，更用心好好感受故乡对自己成长的照顾，就是爱故乡的一种表现。而让我找到可以这么简单爱故乡的理由，竟是跑步！

之后的几年，我要求自己养成一个习惯，就是每星期尽量慢跑两到三次，每次至少三十分钟以上。甚至，把当时还读小学六年级的儿子带出来跑，儿子因为有老爸陪跑也渐渐地爱上了跑步。在他上中学之后，还加入了田径队，代表学校参加全市的田径比赛并得到奖牌，这算是始料未及的另类收获。

之所以会爱上跑步，除了流汗排毒，让自己更健康外，其实还有两个原因：第一，跑步可以锻炼耐力，耐力需要意志力支撑，我相信意志力越强的人，工作的成就感会越高。第二，跑步可以让自己思考，思考会让觉察力敏锐，觉察力越高的人，创意思考的能力也会增强，对于复杂事情的判断非常有帮助。所以，我相信跑步是一种哲学，教会我人生的意义。

关于跑步，我想要说的是，跑步是一场与自己的对话。不需要观众，不需要掌声，只需要问自己，过得快不快乐而已。

关于跑步，我想要说的是，跑步是一场小旅行。不用看时间，也不用管场地，就是想跑就去跑，极度随兴与自在。

这是我近几年的跑步新体验，你呢？也来跑跑步吧！

37. 这世界就欠你一"咖"

当我阅读《跟TED学说故事，感动全世界》这本书其中一个章节，作者写道："说故事的本质是一种表演，光是故事本身很精彩还不够，想要在镜头前自在表现……可以学两招，一招是'热情'，另一招是'微笑'。"当下，我脑海里浮现的人是胡杰。

胡杰，台湾街头路跑创办人，一位肢体动作与脸部表情都极为丰富的年轻人。在一次好友谢文宪（宪哥）举办的"梦想实宪家"演讲中，第一次见到胡杰，也对眼前这位年轻人所表现出来的舞台魅力感到惊艳。那时，我才知道台湾有"街头路跑"这个活动。

当晚,因为我们同台接续演出,除了短暂寒暄与拍照外,几乎没有太多的互动,只是加脸书成为好友。但就是这个加脸书的小动作,让我们得以在未来的日子一窥彼此,延续美好的缘分。

经过半年的脸书交往,趁一次北上开会之便,我邀胡杰喝杯咖啡,除了想要更加深入了解他之外,也对于他创办街头路跑这个社团的缘起,感到好奇与有趣。

见面开头,为了让胡杰更了解我,我稍稍做了简洁的自我介绍。这个短短几分钟的破冰非常重要,讲得好,让对方很安心,之后的话题就能无所不谈;讲不好,让对方起戒心,之后的交流会有所保留。我相信,因为我开场得宜,会让这场对话畅所欲言且意犹未尽。

胡杰走上社会的第一份工作是在《天下》杂志当企划。这份工作得来不易。胡杰说,当年他因为看见《天下》杂志帮"台湾地区行政管理机构原负责人"孙运璇制作的一段影片，内容说："不要问国家能为你做什么？要问你能为国家做什么？有参与才有未来，用行动打破无力感。"他就兴起想要到《天下》杂志任职的念头，可是他完全没有工作经验。

胡杰果然是用行动打破无力感的最佳代表。虽然应征的工作需要有五年实务经验，他打破这个魔咒，不仅毛遂自荐，还经由一连串考验面试，以及最后告诉面试官若做不好可以不领薪水的决心，终于取得这张"入场券"，开启他的职场生涯。

之后，从《天下》转战至雅虎，胡杰也是秉持着一种自动请缨的精神，请在雅虎任职的朋友将他的简历放在主管办公桌上，让主管一眼看到后，联系他进一步面试，最后拿到录用通知。听胡杰描述他的求职经验，我看到一种永不放弃的精神，这是上班族很难做到的，却是需要学习的。

在外资企业高压工作环境下，胡杰的体重因为压力而直线上升，几乎快要飙破九十千克。那时，他在脸书PO出一张自己的照片，背景是美丽的涵碧楼，最后竟然都没有朋友点赞……后来他进行ＡＢ Test，把自己的画面剪下，只留涵碧楼的空景，这时点赞数居然立即飙升！此时胡杰发现，在这个以美学取胜的年代，自己八十九千克的身材，已经让他感受世界不公平的对待。

肥胖的体态让胡杰的同事再也看不下去，遂带他到大安森林公园与"中正纪念堂"跑步。但因为他实在过胖，跑得又慢又喘，再加上同事也不想和他一起慢吞吞地跑。经过两次挫折，胡杰悻悻然地离开慢跑行列。

但贴心的胡杰每到下班时刻，就会到西门町附近等太太下班，再一起回家。有一回，因为等待时间太久，胡杰兀自在西门町附近跑步。他跑得很慢，却因为能够超越路上行人而得到些许快乐。再加上，胡杰原本以为对西门町很熟，经过那一次巷弄乱跑，发现还有许多地方从来没有好好欣赏过，这都是让他在等待太太下班时，意外发现的乐趣。

因为长期埋首工作，胡杰总觉得心中有一个"我"仿佛不见了。而他发现，跑步却能带给自己极大的快乐，他告诉太太，给他一年时间好好思索未来，他想借由跑步寻找生命的出口。若找到了，人生的旅途将充满乐趣；若没找到，顶多重回职场做业务，因为业务是他的老本行，饿不死的。

就这样，胡杰开启他的新人生。除了自己跑，也开始找朋友跑。因为他设计的跑法很有趣，就是每天跑不一样的路线，也让每一位参与者下班后就能从自家公司楼下开始跑。这种在街头跑步的形态蔚为风潮，胡杰因此将它定名为"街头路跑"。

如同街头路跑官网的社团理念所述："街头路跑是一场微旅行，旅行最重要的是探险和认识新朋友，重点是慢慢跑，张大眼睛探索这座城市。"

另一段文字写着："街头路跑并不是一般正常慢跑，我们强调'当下'，不强调'到达'；不在乎多快，而在乎每个人是否有被'照顾'到。那个照顾是，'过程中你快不快乐？身旁的人有没有帮助你？'跑到这个定点的时候，能不能再做些什么？让大家纷乱如麻的心能被心灵拂照。"

职场工作者若有一份薪水佳、头衔美的工作，通常不会轻易离职。但胡杰能从跑步找到快乐，离开职场的羁绊，进而寻找自己的人生出口，这是一般上班族所欠缺的勇气。

生命之所以充满热情，是因为找到自己独树一帜的天赋；生活之所以快乐，是因为愿意用微笑对这个世界打招呼。这两点胡杰都做到了。

胡杰说："不管你在什么地方，在什么时候，我都带你去跑你家附近最有趣的地方。"这样充满热情有劲、微笑大方的胡杰，你怎会不爱上他呢！快，跟着他的脚步一起跑，这世界就欠你一"咖"！

38. 归零，让人生更美好

住民宿不难，找到好的民宿较难；与民宿主人聊天不难，听到民宿主人分享生命历程较难；得到舞台上的掌声不难，放下职场中的名利较难。一个初夏的夜晚，我与民宿主人黄建荣一见如故，相谈甚欢。我不仅听到了好故事，也确信这个故事足以激励我的人生。

一日要到台东演讲，赶不及订民宿就已先出门上路，心中想着，今天不是假日，房间应该好订。车开在南回公路的当下，脑海突然想起，前几天在脸书上看见好友郦洁也到台东旅行的照片，思忖何不问问她是住哪一家民宿呢？

这通电话一打出去，就注定我与建荣兄的善缘好运。晚上，我便落脚在豆点民宿。这间民宿叫"豆点"的由来，主要有两个含意：其一，民宿夫妇喜欢收集种子，种子又称豆子故取"豆"；其二，温馨的房间要让旅人好好休息，"点"指的就是驻点停歇的概念。

不晓得哪来的热络感，打从走入民宿屋内的那一刻，就与建荣兄天南地北闲聊开来。可能是郦洁与民宿夫妇熟稔的缘故，也可能是个性相投，彼此都爱交朋友的关系。当然，还有一种可能，就是建荣兄长期旅居台南，在南科工作数十年才搬回故乡定居，而我也是从台南来的，一见面便产生了浓郁的亲切感。

我问建荣兄："为何想要开民宿呢？"想不到这一问，竟然开启了将近两小时的聊天互动，仿佛是一场无预警的访谈会，充满了生命的智慧与感动。

"我是大肠癌三期的患者，但经过治疗后，至今已经五年多，目前一切安好。我很感谢老天给我这个意外的礼物，审视人生，也重新开始。"建荣兄的破题着实让我吓一跳。

我接着好奇追问："是怎样的状况与想法，让您有这种转变与结果呢？"

故事是这样的……

建荣兄是一位高科技业专业经理人，在六年前体检时，发现自己得了大肠癌。幸好经由紧急开刀与化疗，再加上一年的留职停薪，他慢慢地重拾健康。医生说他真的很幸运，如果再晚发现，延迟开刀，后果不堪设想。

经过一整年的休养生息，建荣兄还是重返职场。但不变的是生病前的压力与不安，依旧困扰着他，让他感觉十分不舒服。"检视自己为何会生病，其实就是个性与心情使然。"他说，因为自己是一个吹毛求疵的人，有着追求完美的个性，看到工作中少部分没有突破的地方，总是感到不悦。这种长时间的积累，才是造成他生病的主因。当他经过化疗又重回工作岗位时，他发现这种心态与现象并没有消失，让他萌生提早退休的念头。

说起来容易，但执行起来非常困难。建荣兄实在放不下长年累积的资历与名声。他不断通过身心灵课程寻找工作与健康的平衡点，除了加入荒野保护协会成为讲师，也参加小区大学的心灵与手工课程，试着让自己更容易找到快乐。

他说，人体内有一种名叫T细胞的免疫系统大将军。只要T细胞够强大，就能管住身体内潜伏的"坏孩子"，不至于让它们作怪。而维持T细胞活跃的好方法就是让自己每天都很快乐。比如拥有规律的生活质量、发自内心的安宁与平静，还有让自己笑口常开，等等。简言之，就是随时随地保持好心情，让T细胞永葆青春活力。

然而真正让他完全放下、真正退休，归隐山林的转折点，是一次手工课程所带来的冲击与感受。

那一次，建荣兄参加手工面包坊的户外教学。老师请每一位学员分享自己的心得,并且比个手势表达自己的想法。他回忆当下,老师笑大家在烈日中坚持手作,流了满身大汗,让手沾满土灰,全身上下都脏兮兮的,这不是花钱买罪受吗?等到建荣兄发表感想时,他说出了自己参加这个活动的想法,而比出的手势竟是不自觉地画出一个大圆圈。就是这个"重新归零"的念头,让他真正放下对头衔的执着与利益的追求。

这个"归零"的起心动念,改变了他的人生,也救赎了他的未来。

因为老家在台东市,基于照顾双亲又能让自己有生活重心的缘故,建荣兄买了一间离父母亲住家很近的房子,除了可以就近探视、尽孝道外,也让自己能与住宿的房客聊聊天,分享生活点滴,这才是他开民宿的主因。

多数民宿从业者几乎都在设备与装潢方面动巧思,建荣兄反而有不同做法。除了维持屋内的干净与雅致外,他多年习得烘焙面包的好手艺,更是吸引旅人入住的关键。他说:"每天傍晚做面包数小时是我最快乐的时光。"看到隔天早晨餐桌上，房客吃着他手做面包的幸福表情，就是最大的成就与喜悦。

建荣兄不追求每天房客数全满，他追求的是心灵的平静与盈满。他不喜欢从赢利的角度去经营民宿，而愿意从利他的作为去看待自己的退休生活。这是一个懂得让生命归零，让人生愈趋美好的故事。

一趟小旅程，一段大插曲，一个懂得爱自己的生命启示。

关于生命启示，我有几点见解：

1.T细胞要强，心情一定要快乐；心情要快乐，生活一定要平衡。降低欲望，简单生活是关键。

2.别用身体去换钱，要爱惜自己的健康。生命无价，其他的名利与物质都如过往云烟，都会成为过去式。

3.在人群中，找到可以付出的地方，不管当义工或为社会服务,都是让自己生命发光发热的角色,好好享受这其中带来的乐趣。因为助人为快乐之本。

39. 你愿意做公益吗?

"用工作点亮公益，助人有益；让公益成就工作，人生开阔。"是我完成此次公益活动的批注。

这个活动很简单，就是一个募款工程。事情起源是这样的：

我的好友子歆，是台南大学经营管理系的系主任。因为他系上一位外籍学生在和同学聚会时，不慎从十六楼楼顶跌落至隔壁栋十五楼楼顶，造成头部颅内出血。在重症监护室住了几个星期后，终于稍微清醒，但仍不能言语，医生表示未来还需要更多的治疗与复健时间。

因为这名学生非本国籍,在许多医疗措施上无法比照台湾健保补助。因此,接踵而来的是沉重的医疗费用。除了请专业看护一天要两千元外,医生还建议进行"高压氧"治疗,每天就要一千五百元,而这些治疗不是短时间内就能结束的,只能依其复原情况再决定是否暂停或继续。

学生父亲在事发后,放下的工作,直奔台湾探视儿子。由于家里的经济状况并不宽裕,面对如此沉重的医疗费用,甚至卖掉车子来补贴费用都不足以负担。家人为了照顾他,几乎心力交瘁,无能为力。所以,子歆系上的系学会正展开募款工作,预计募款十万元,帮助减轻医疗费用的支出。

子歆传这则信息给我,问我是否愿意帮忙募款三万元,当我得知这个缘由后,马上回他:"我非常愿意!"心中想着,只要找到九位朋友,加上我共十人,每人出三千元,就能达成募款目标。

那一晚,我很快地将这则信息用手机发给将近三十位朋友。

我是一位懂得精准营销的业务高手。我清楚明白，传这样的信息给朋友，对象应该要具备两种特质：第一，他已有不错的经济基础，三千元对他而言还好；第二，我知道这位朋友喜欢做公益，也喜欢帮助别人。

到了隔天中午，回复短信的人共有二十位，大大超乎我的预期。也就是说，这则短信的发送，已经成功募得六万元。二十位当中，有一位新朋友加入，算是特别的小插曲，值得一提。

她是国泰金控的投资长程淑芬小姐。我和程小姐认识的起因很有趣，是一位朋友介绍的。当时，这位朋友买我的书，请我签"淑芬"时，我笑笑地随口说出："这是菜市场名字！"想不到，朋友的一句话让我肃然起敬。他说，这位淑芬的全名是"程淑芬"。我当下惊讶地问："是以前美林证券台湾区总经理的程淑芬吗？"朋友点点头。我又惊又喜地请朋友快介绍我们认识，"我好崇拜她，她是金融圈鼎鼎有名的外资天后耶！"

等了两个月,我如期与淑芬在台北见面了。那是一场美丽的聚会,我们谈工作,也聊公益,度过一段愉快的晚餐时光。

当我将这则信息也传给刚认识不久的淑芬,想不到她竟然打电话给我:"家德,募十万元真的够吗?这样的医药费可能不足,需不需要我多汇些。"我回她说,这件事,已经有许多善心人士都愿意帮忙了,我们每人三千就够了。很快的,我就收到淑芬这笔汇款。

经过LINE的募款成功,再想到淑芬的建议,我心想何不让更多人能够共襄盛举,也是一件好事。因为复健毕竟是一条漫漫长路,若是募款更充裕,受伤学生才能更安心地接受治疗。所以,我又在脸书上分享这次的募款活动,一样是每人三千元。我的标题是"广结善缘,让爱蔓延"。

很幸运的,我又募到六万元。这次的募款活动,透过LINE与脸书两个平台,总共募得十二万三千元。我分两次汇款,全数汇入学校的指定账户。

完成这件公益活动后，我写下了小小心得：

有能力的人，帮助别人用付出；

较无能力者，帮助别人用祝福；

让这个社会，处处幸福不孤独；

捐款做爱心，社会一定更温馨。

因为工作，得以认识许多人，一同来付出做公益；也因为公益，得以运用人脉去做利他的事。我很感谢这四十位朋友的义行，大家共同完成了一件公益小事。

哦，对了，这位同学因为年轻，复原状况越来越好，目前已经回到老家休息，也等待下学年再回台湾求学，完成未竟学业！

40. 给职场新人的七件礼物

脸书私信传来这则信息:"学长,若您回到二十岁初头,刚入社会之际,会开始做哪些事情,成为更好的自己呢?"传这则信息给我的是天佑,一位小我二十来岁正在当兵的元智大学学弟。

这是一个好题目,我思忖许久,才写出我的看法。

天佑是一位喜欢思考与阅读的准社会新人。近半年来,当他知道有一位作家身份的学长,他几乎每个星期都会问我问题,甚至当兵休假,也愿意抽出一天空当到台南来找我请教职场大小事。他的求知欲令我感动,他的学习力也让我愿意与他分享自己的职场心得。

天佑毕业于元智大学管理学院英文专班，高中以前不习惯台湾的应试教育跟考试制度，因此过得较刻苦，却也渐渐发现学习是要为自己的人生负责。大学时期热爱阅读、围棋与旅行，曾到美国斯坦福大学参加短期program。大四时，到北京当交换学生，拓展视野的同时也交了一些外国朋友。现在的他正在当兵，喜欢通过阅读与写作来累积专业能力。他也希望能分享好书、传递信息给朋友。他说，未来期待能从事一份有热情、有正面影响力的工作！

这是多么棒、多么有想法的一位年轻人啊！

回到前面所提的问题，若有机会回到二十岁，我会如何成为更好的自己呢？我提出了七个观点，送给天佑。

1.**更孝顺父母亲**：我觉得这是最重要的。因为爸妈在我走上社会工作的三年内相继过世，让我遗憾不已，这也是我生命中不可承受之痛。所以，若知道父母亲在不久的将来会离开自己身边,我一定更加珍惜每一次相处的美好时光。

2.多学一样才艺:从前的自己,凭借着还年轻,以为时光可以挥霍,认为青春可以虚耗,也就将学习的本事给怠惰了。殊不知,越是年轻对于学习越能上手,身上有项才艺更显珍贵。但年过四十,工作与家庭烦身,学习能力下降,才艺显得普通,才知自己已错失黄金学习期。

3.积极探索世界:英文不好不能出国吗?错!个性内向不能出国吗?错!至今我必须承认,我到过的国家数目,用十个手指头都数得出来。若时光倒流,我愿意多花一些时间探索世界,到处走走,丰富自己的世界观。

4.让自己更外向:走上社会之前我是内向的。或许现在非常外向,但我总认为若能早一点让自己像现在这样,绝对会更好。因为我相信,外向可以成就更多美好的事物,包括在众人面前侃侃而谈,清楚表达自己的看法;让自己变得更有自信,做许多事情也就不会拖泥带水并认识更多新朋友,为人际关系带来加分效果。

5.珍惜与人善缘：年轻的我，自负猖狂，或许凭着正义之剑，斩妖除魔，自认做对的事，却也有可能伤及无辜，结下梁子而不自知。事后想想，那都是不够珍惜与人为善的结果所造成的。若有机会弥补，我希望可以更用心对待和每一个人的善缘，期望带来美好的人际关系。

6.愿意多助他人："助人为快乐之本""施比受更有福"这都是中国老祖宗的智慧。现在的我，喜欢帮助别人；以前的我，羞于帮助别人。有幸回到年轻时代，我愿意倾全力去帮助身边的任何一个人，我笃信付出才会杰出的道理，尽管帮助别人就对了。纵使好心被雷亲（闽南语，遭雷打），都要记住，"吃亏就是占便宜"！

7.持续热爱运动：运动使人年轻，但绝对不要等到老了再运动，也不要等到身体出状况再运动。运动应该是一种习惯，也是一种生活形态。年轻的我，喜欢运动，跑步、打篮球是司空见惯的事。但自从走上社会，因为忙于工作，因为种种理由而忽略运动，总觉得年轻就是本钱，熬夜无妨，压力无关。到了四十岁之后，发现体力渐走下坡，才惊觉不得不保养自己的身体，虽然亡羊补牢犹未晚，但我建议年轻人，若能持续热爱运动，必能得到幸福！

一个好问题，让我回顾自己的人生，也重新发现自己的缺憾。这七个礼物我希望送给年轻的自己，也期待现在正处于黄金岁月的年轻人用心看待，人生理当较无遗憾。

41. 我的第一场演讲

"回台东的路上,我反复听着今天MBA教育训练讲座的录音。讲师吴家德用热情驱动世界,细观台风稳健的他讲话时的自信,举一反三,以及架构许多生动有趣的故事,丰富了一场演讲该有的精彩。"

这段文字是正声广播电台一位主管在脸书听完我演讲的分享。当他加我为脸友时,我才读到这段小插曲。

是啊,自信加上故事就能成就一场好演讲。真的有那么简单吗?那到底如何让演讲精彩绝伦呢?我想要先从我的第一场演讲谈起……

那是2003年夏天，我开始担任业务主管的时候，也是我进台北富邦银行的第二年，受前同事林宜弘先生所邀约。

宜弘是台中区的业务主管，我则是嘉南区的业务主管，彼此算是公司内部的敌对状态，但我们有着一股惺惺相惜的心胸与气度，有时我若得到竞赛冠军，他恭喜我；若他业绩得第一，我祝贺他。

有一次在结算上半年业绩时，我暂居第一，他排第二。想不到他竟然来电，问我可否到台中帮他的同仁演讲，聊一聊业务法则与销售技巧。那时，我很想拒绝，其一是我根本没有演讲经验，怕自己出糗；其二，我们是处在竞争的态势，哪有帮对手加油打气的道理。但不知哪来的勇气与格局，最终我还是答应宜弘的邀约，让人生第一场演讲正式起飞。

犹记当时准备演讲内容，我真是煞费苦心，思考主题大纲，做PPT，设计架构，然后做结论。心想，只要照着PPT的流程走，大概就能成就一场不算太差的演讲。

或许这只是人数十来位的小演讲,或许台下听众素质和我差不多,又或许因为没有收费的分享。我算是完成了一场有掌声没嘘声、有回响没绝响的普通演讲。之所以说普通,是因为我相信若是重来一遍,自己可以修正讲得不好之处,就有机会可以让整场演说更好、更顺畅。

经过人生第一次演讲后,我发现,演讲真是一件迷人的事。它是一种分享的喜悦,也是美丽人生的回馈,更是能与听众双向交流的机会。至此,我一试成主顾,上瘾至今。曾经看过一篇报道,有人说,人生最恐惧的不是死亡而是上台,也就是要上台演讲或分享,简直比要他的命还可怕。这件事之于我,已经完全不是这么一回事,我相信是个性与价值观使然。

"能外向就不要内向,能分享就不要独享,能开心就不要伤心。" 我曾经写下这段文字自勉。这是我在一场演讲中,回答听众问题之所感。听众问我,如何保有热情的态度与积极的人生观?我说,对我而言,基本上有五个因素,让我能用热情驱动世界,这是我十多年来的生活体悟与总结，分别是：生活态度正向、喜欢认识朋友、具备行动能力、乐于奉献付出、书写动人故事。

而这五大因素，也是成就一场好演讲的元素。因为正向带来自信，人脉成就利他，行动创造视野，付出才会杰出，故事当然就能生动感人。

很多人会有相同的问题，该如何克服上台的恐惧，又该如何在台上侃侃而谈不害怕呢？我的见解有三点。

1.真心诚意：因为真心，你会生出勇气，勇气让自己勇敢不恐惧。有一句话是这么说的，当你真心地想要完成某一件事情，全宇宙都会帮你。

2.不断练习：熟能生巧，凡事都需要千锤百炼才能成就完美。没有人是天才，唯有不断地练习与修正，才能有机会让自己更好。

3.热爱生活：故事都是从生活中产生的。若有心能挖掘动人故事，当然会有一种分享的渴望，所以，热爱生活是创造故事的关键。

演讲最吸引我的，除了必须好好思考题目的准确度，带给听众收获之外，更能因为这个题目，认真去思考自己的生活如何与提纲契合，这是一种生命的回顾与提醒，会让自己找出演讲的题材与故事，是一兼二顾的好交易。

我的演讲已逾百场，你何时开始第一场呢？

42. 给政达的一封告别信

嘿，兄弟，好走。

一如往昔，我总是喜欢在早晨将手机打开，浏览脸书与LINE的信息。七点二十八分的这则消息"政达于今日清晨往生"，着实让我小小呆住。虽然我知道这天一定会来，但不应该这么快，也不会是今天吧。

我呆坐半晌，过了片刻，才发出"收到，往生佛国，放下尘缘，一切美好"，回应你太太小萍的告知。

十年前，我们成为同事而相识。但说实话，你在嘉义,我在台南,若没有真诚良好的互动,当同事的缘分消失了,这个朋友关系也可能就戛然中止。很庆幸,我们一路从同事变成好同事,再因彼此都离开前东家,又从朋友变成好朋友。这些年来,我们虽不常见面,但心中始终有一个位置为对方保留着。

"患难见真情"是我想要谢谢你的第一个告别礼。

开车开了五六十公里的路,不算长。但为了吃一顿午餐开了五六十公里的路,应该算长。我想用"路长情更长"来形容这一顿饭局的意义,应该是再恰当不过了。

五年前,当我离开老东家,人生正经历一段小低潮,你突然来电问我有没有空,想到台南与我吃吃饭。我说好啊,当然乐意。我确信,那一顿饭,你是专程从嘉义南下,除了想了解我为何暂别职场外,也借机告诉我,朋友就是要雪中送炭,不应只会锦上添花。你坚毅地对我说:"兄弟,你这个朋友我交定了。"你知道吗?这句话,我永远都不会忘记。因为这是做人最基本的礼数。

"乐意帮助人"是我想要感恩你的第二个告别礼。

认识的前五年,我们是同事。因为要到你的分行举办理专教育训练,必须麻烦你张罗一些物品,举凡设备、讲义、茶水等,都需要让你多费心。你总是表现出乐意帮忙的态度,也告诉我,这些只是举手之劳。

认识的后五年,我们是朋友。记得有一回,我已经到了嘉义上班,彼此离得近,因为我公司要举办客户说明会,而讲师的电脑刚好坏掉,无计可施之下,我想到你,紧急商请你借我一台笔记本电脑,你又是义不容辞马上送过来。我不好意思地说麻烦你了,你反而告诉我:"三八啊!这是兄弟该做的,有什么好谢。"说出这两件小往事,只是想要让你知道,我有多么地感恩你。

"允文又允武"是我想要告诉你的第三个告别礼。

某年,公司举办桌球比赛,我才得知你是桌球高手。

那一次，看见你在场上霸气的表现，过人的体力，专注的神情，精湛的球技，利落的手脚，充分展露出运动家的风范。当我在场边观赏你比赛时，你恰巧看见我的驻足，我们两眼相会，我对你比出握拳加油的姿势，你也回我胜利的手势，这般惺惺相惜的画面，我记忆犹新。若没记错，那一年的比赛，你得到冠军，很替你感到骄傲。

你写钢笔字写得非常漂亮，这是大家都知道的。你时常在脸书上，拍出你美美的字让朋友欣赏。有一回，你写了："**若你觉得束手无策的时候，那就是放手一搏的好机会。**"你告诉我，借我书上的文字与脸友们分享。那时，我知道你已经身体微恙，但很高兴我的格言能够发挥作用，疗愈你病苦的心灵。

话说世间能够打好球、写好字的人有多少啊？你允文允武的人生，真让我羡慕。

发病初期，你就特别跑来告诉我这件事。或许你知道我可以安慰你，让你好过些；或许你只想要找人聊聊天，抒发心中的忧郁。不管怎样，总之你真的把我当一回事，让我参与其中。这一年多来，我们时常见面通电话，互相勉励说真话。有几次，你甚至传你在病房住院的照片给我，告诉我你正勇敢面对病魔的挑战。对于你能如此乐观看待生命的玩笑，我感到非常不舍与敬佩。当下，我只能在心中默默地祝你安康。

有一件事情，我还是要表达我的感恩与抱歉。

我的新书付梓之际，你就告诉我，记得帮你留十本，你特别表示想要拿到第一手我的书。那时，因为订单太多，漏了你这一笔。你不仅没有责怪我，还回过来安慰我："没关系，挺你就是了。你最好再大咖一点，让我因为是你的好友而自豪。"政达，你知道当你说出这句话时，对我有多大的鼓舞吗？我相信，你一直都是我的后盾，永远。

没能在你告别式那天亲自送上一程，只能在前一天到你的灵前上一炷香。看着你的照片，虽辛酸但心坦，虽不舍但情深。或许此生缘已尽，但求来世再相逢。

政达，我想对你说："谢幕的只是舞台上的剧终。关于我们的人生，依然继续上演。"

43. 生活是一场热情的游戏

受邀到台南大学博雅教育讲座演讲"生活是一场热情的游戏"。这是学校高规格的活动,演讲前连校长、副校长都先行与我会面。在这两小时演讲里,我热情演说,赢得满堂彩。

演讲结束,开放三个Q&A。主办单位很用心,只要有问问题的同学,都可以获得一本我的签名书,只见台下同学争先恐后地举手。当问到最后一个问题,依然还有许多手在我面前挥舞着,我请坐在第三排(前二排都没有坐人)的一位男同学发问。说实话,当时这位同学的问题是什么我已忘记，但从口音可以知道，他应该是来自大陆的学生。

会后，这位来自大陆的学生走来找我寒暄，并问可否加我脸书，我说没问题啊。很快的，我们的缘分就因为加了脸书而更进一步。这时我才知道，他的名字叫刘一鸣。心想他的父母亲大概期待他能"一鸣惊人"吧！

大约三周后，我从脸书私信收到一则长长的文字，是一鸣写给我的。内容如下：

家德先生您好，我是刘一鸣。

一个普通的来自大陆的台南大学交换生。前几周在南大听过您的讲座，还有幸拿到了您的书。说实话，直到讲座开始之前我都不知道您是哪一号人物，我还在犹豫到底要不要去听这场讲座。最后我选择坐进教室里，事实证明我的选择是正确的。

听完您的讲座后收获颇丰，也让我思考了很多事情，热情驱动世界也一直在我耳边围绕。毫不夸张地说因为一场讲座让我认识了您，也让我有了对自己人生的思考。最后拿到您的签名书后更是激动不已。

尽管整本书是繁体字，加上竖直的排版，对于我这个大陆学生来说看起来并不算轻松，当时不知哪来的一股劲，很快地看完了。说实在话，当整本书看完后，我都佩服自己的毅力。书中我看到了您的自信、乐观、与人交善。我想在这几点上，我与您是有共通之处的。但是提到执行力，我确实很佩服您，在看您的故事时，我时常也在设身处地地思考，如果换作是我，我又会怎样做？

说到这里您可能会好奇我为什么要发这封信息给您，一方面是因为讲座之后，"热情驱动世界"已成为我的座右铭，而我也希望在即将离开台湾前，真心地感谢一下把这句话传递给我的家德先生。另一方面是因为早上起床后突然想到了您书中提到的"执行力"这个词汇，尽管看完您的书后多次想给您信息以表谢意，但每次想过之后并没有去做。

我想我也该好好学习学习您的执行力了。您的书传递出满满的正能量,对于一年后也要步入职场的我来说,更是如获珍宝。我想我回到大陆后,一定会将书分享给我的好友们,让他们也好好感受一下台湾人的热情,还有坚信热情驱动世界的吴家德先生。

当我看完这则信息后,请一鸣给我他的手机号码,随即打电话给他,除了谢谢他的分享,也约定见面时间。几天后,我下班,他下课,我到他的宿舍附近与他碰头。这一次会面,让我更了解他了。

一鸣来自武汉,是台南大学大三的交换学生,就读幼教系,他很珍惜这学期来台湾读书的机会。他告诉我,关于他来台湾求学的三点观察。

1.台湾人真的比较热情,人情味较浓。他说,从春假期间他的十天铁道环岛旅行,就可以感受到台湾人善良亲切的一面。

2.台湾人较具创意思考与动手的能力。在教学领域，鼓励学生多元思考，大胆尝试，纵使犯错也没有关系。大陆的学生较为刻板，几乎都是照着老师的方式学习。

3.台湾学生较不敢发言发问。他说，这大概是他来台湾念书比一般学生吃香的地方。经由我的追问，我才知道一鸣以前在学校是风云人物，曾经当过系学会的主席，也是学校大型活动的主持人。

生长在农村家庭的一鸣，从小非常刻苦。他说，小学时候他就学会煮饭洗衣。因为父亲长期在外地工作，几乎是母亲抚养他长大。母亲每天清晨四点多就到田里务农，他必须五点自己起床，走将近来回一个小时的路送早餐给母亲吃，然后再去上学。从高中到大学，他的假期几乎都在打工赚钱。因为他的认真与勤快，很多店家老板都喜欢他，也让他当上小主管，享有更高的薪资待遇。

我们聊得非常开心，但碍于夜已深，我告诉一鸣，若时间允许,我希望能在他离台前请他吃一顿饭。一鸣非常开心地直说好。

最后这一次见面,我有备而来。知道一鸣爱吃辣,特地请他到印度餐厅吃咖喱大餐,满足他的味蕾。饱食一顿后,介绍他喝台南地道的木瓜牛奶,又吃了水果切盘,然后带他到我的好友曾大哥开的永盛帆布行,请他挑选一个书包带回大陆做纪念。这一个即将离开台湾的晚上,我相信他应该记忆深刻。

人与人的缘分真的很神奇,在那场讲座中,我与百余位台南大学的学生共聚一堂,却只与一鸣擦出火花,这实在是奇妙的际遇。一场演讲,影响了一位年轻人的价值观是我始料未及的,更因为后续多了两次相处,而更加珍惜这份情谊。

一鸣上飞机前,传给我一则短信,他说:"这段时间在台南认识了很多人,但是我想,遇见你,是我在台南最大的幸运,期待你来武汉。"

这段话,或许是我热情驱动世界的最佳写照吧!

44. 你该拥有的七种习惯

近年来,走入校园与企业累积百场演讲的缘故,常常有许多大学生与年轻人会问我关于职场与人生的问题:"老师,我们要做什么事情,才能让自己在工作与人际关系上更好?""经理,您人生的转变,是因为哪些事情的改变,而让您在工作上如鱼得水?""老师,可以告诉我必须培养何种习惯,才能让人生未来的日子变得更平衡有趣?"

因为这些问题,占了将近整体一半以上的疑惑,我遂将自身经验,再参酌周遭好友的建议与回馈,写成以下建议。希望借此回答,定调成"年轻人你该学会的七种习惯"。或许这七点不能涵盖全部的问题,但我相信,能做到这七点的朋友,人生是丰盈的,生命是充实的。

1.早起

"早起的鸟儿有虫吃",虽然是一句老掉牙的古老谚语,却是成功人士奉为圭臬的第一准则。不可否认,早起可以让自己吃一顿没有压力的早餐,早起可以让自己有充裕时间准备今天的行程,早起可以让自己充分掌控生活的步调。或者,早起可以让自己有时间阅读、思考、运动。而这三项好习惯,若能因为早起而顺便培养,就是一举数得的好方法。

2.阅读

"阅读能摆脱平庸,锻铸自身生命的质量。"这是文学大师余秋雨的名言。我认为，阅读是最便宜的投资，也是最珍贵的资产。在学校要读书，走上社会更要读书。学校读书为成绩，只有分数高低的差别；走上社会读书为考绩，却有收入多寡的差异。很多上班族以为到了职场工作就可以不用读书，这是完全错误的想法。以我近距离的观察，多数成功人士几乎都有阅读的好习惯，才能让他们的人生更富有幸福。

3.思考

"我思，故我在。"人终究要有思考的能力才能判断真伪与是非。每天不管再忙，留给自己数十分钟思考是有益人生的。我自己的做法是，固定思考以下这三件事："我的工作让自己很开心吗？""我的付出帮助到别人了吗？""我的人生需要多做些或少做些什么吗？"以上这三件事，也是我的座右铭"对人有益，对己无亏，对事圆满"的批注。

4.乐观

若说我是一位热情的人，我的体内应该有一种DNA叫乐观。"心向阳，生活喜洋洋；人向善，生命离苦难。""乐观是一种热情的态度，悲观是一种冷漠的无助。"这是我常常向年轻人分享的两个句子。乐观如何培养，我有两个建议：首先，结交比你乐观的朋友，让他们乐观的因子也能感染你。其次，记住一句话："事情没有好坏之分，关键是你面对事情的态度，决定你是什么样的人。"我的乐观主义就是这样来的。

5.助人

"助人为快乐之本""施比受更有福"都是千古不变的定律。助人不单是为了别人，更是能够成就自己的好方法。在我生命中留下深刻难忘的画面，几乎都是因为帮助别人，别人送给自己一抹温馨微笑的记忆。助人让人际关系更好，助人让职场无往不利，助人是一种无与伦比的美丽。

6.信仰

"笃信一种力量,一种来自内心的力量。带着它面对未来,不管前方多么险恶难行,生命终将过关。这个力量,名叫信仰。"信仰是一道光,带你向前行;信仰是一粒沙,带你看世界。或许是信仰使然,每当在我身上发生好事,我都心存感恩,感谢老天的恩赐。若是发生不好的事,我都当成老天对我的考验,要让我从中学习经验,增长智慧。多年来,这种想法与心态,让我产生积极正面的能量,更相信,自助后,天必助之的道理。我信仰天,信仰爱,信仰希望,信仰生命终将找到出口。

7.运动

运动让自己年轻、有活力,运动让自己容光焕发。运动不仅让自己更健康,也是释放压力的好方法。不管从事哪一种运动，只要持之以恒，按规律去做，都能带来好效果。运动的过程中，也是让自己思考的好时间。说一个小秘密，我写这篇文章的发想，就是从跑步当中产生的启发。你说，运动重不重要呢？

祝福年轻人，培养这七种好习惯，人生必当坚强茁壮。

45. 旅行的意义

约莫八年前,因为《通往花莲的秘境》这本书,让我与花莲产生巨大联结。一次品尝海啸咖啡,我认识了巴俗这位长辈,知道老鼠贝果的由来。也因为巴俗的推荐,我住进书琴经营的"自己家"民宿,开启与慢城的缘分。

"自己家"民宿在我心底有一股浓厚的"家"的味道。虽说那是多年前的旅行回忆,但我对民宿里那些人和事物的记忆始终无比清晰,一直难以忘怀。当时,我在旅行笔记中是这么记录这段回忆的:"就是一间普通民宅,里面有古老家具,有好多书、好多音乐、好多迷人的摆设与一种令游子安心的居家气息。"

我骑着民宿的脚踏车，穿梭在花莲市区，试着用洪荒之力将整座城市的面貌一次看完。脚酸了，衣湿了，肚子饿了，心情却愉快无比，这一趟单车小旅行，让我对慢城有了更进一步的认识。

因为出版第一本书的机缘，我告诉巴俗，希望有机会能到泥巴咖啡举办新书分享会，让我能做一个全省巡回的讲座。巴俗说，当然非常欢迎。也因为这次的活动，让我有机会与书琴见面。话说，当年我虽住进"自己家"民宿，与书琴一直没有见过面，却因这场聚会打开话匣子聊当年。

我告诉书琴，当年我们虽然没有见面，电话倒是通了不少次。原因是，我住进民宿吃早餐时，有一张用漂流木钉的大桌子要卖，我非常喜欢，后来民宿小帮手请示书琴，书琴与我通完电话，才请货车司机将这张手工桌子搬运到我家。也就是说，我的一趟小旅行，竟然买了一张大桌子，这是一段难忘的回忆。

书琴经营的"自己家"民宿因为房租到期,房东要回房子而结束营业,书琴转以经营"住海边"民宿。

几周后,书琴得知我在台东户政事务所有一场演讲,便热情邀约我前一天到"住海边"分享换宿,请我聊一聊和慢城相遇的故事。当下,我好感动,我竟能以旅人的身份,诉说我与花莲的甜蜜情分。这场分享会,是书琴想要重启慢城联盟的开头。因为在过去几年,慢城系统几乎停摆,书琴想要借由我与慢城的善缘,再度打造新的慢城光辉岁月。

出发了。我从故乡新市搭乘沙仑线到高铁台南站,目的地是台北,再从台北车站换乘普悠玛号,只花了两个小时就到了花莲。很难想象因为交通的便捷,让我从台南到花莲不用四个小时就可以到达。

记得蒋勋老师曾经说过一个有趣的旅行小故事。故事开始前他感叹着,现代人都太急了,台北到高雄搭高铁不用两小时就可以到。至此,只要一趟车程超过两小时,就会开始焦躁不安。

有一回,蒋勋老师与朋友到大陆新疆自助旅行,因为幅员广阔,虽有地图与导航,还是免不了问当地人怎么走,生怕一个岔路走错,就会迷路。他下车问了一位村落的妇人,这位妇人告诉蒋勋老师,你们要去的目的地只要顺着这条路一直走,开两天的车,就可以到达。蒋勋老师当场傻眼。两天!对于生活在城市的人是多么不可思议的一件事,可是对于这群乡下居民,却是如此简单平常。蒋老师发现,旅行真的要以慢制快,别急。

分享会来了将近三十人。我说了几个故事,表达我对慢城的向往与喜爱。尤其我特别谈到,因为认识巴俗的缘故,让我更有机会得以亲近花莲这块土地,也因为巴俗介绍许多好朋友让我认识,使我与很多朋友产生温暖的联结,这是一趟旅行最重要的精髓。在现场,也听到许多当地朋友对慢城的期盼与想象。总觉得我好荣幸,能够成为这场分享会的主谈人，畅谈生命中与花莲相遇的美丽时光。

旅行的终极目的是"回家"，旅行是为了让灵魂跟得上自己的步伐，旅行是为了成为更好的自己。"在旅行中生活，在生活中学习"是我在这场分享会的结论。通过这场旅行，让我有机会认识更多的新朋友，也看见新的人生风景，有好多故事想要记录书写，好多温馨画面想要深藏心底。这都是我的功课，值得认真对待。

再一次谢谢书琴与巴俗的邀请，让我重温往日情怀。那一阵太平洋的风，那一道微光的日出，与好友间的嬉笑话语，都让我回忆满载，充满幸福光彩。